Perturbaciones de Temperatura

Un análisis científico del planeta Marte y su influencia en el terrorismo, las precipitaciones y las caídas bursátiles

Antonio de Boston

Este libro está dividido en tres artículos científicos separados que utilizan análisis científicos creíbles para explicar cómo el planeta Marte influye en los asuntos terrestres a través de su atracción gravitacional. Este efecto gravitacional influye en las fluctuaciones de temperatura, que a su vez influyen en el clima y el comportamiento humano. Esto nos permite aplicar hechos científicos a modelos predictivos donde la correlación es cercana al 100%. En consecuencia, podemos concluir de los datos que la correlación en realidad indica una relación causal.

Los dos primeros artículos proporcionan una justificación científica y evidencia de que los datos que muestran la conexión entre los ataques con cohetes en Gaza y las caídas del mercado de valores con la configuración del planeta Marte en relación con la Tierra son evidencia de que existe una conexión entre la física a nivel astrofísico. , las consecuencias meteorológicas y su impacto en los procesos biológicos de los organismos terrestres que exhiben determinados comportamientos.

El tercer artículo hace observaciones perspicaces que postulan una conexión entre la alineación de la Luna y Marte y el momento de los fenómenos de precipitación extrema en el Medio Oriente.

Este libro se basa en estudios de 2014 y 2024 para aclarar la base científica de la investigación. Ambos estudios vinculan los movimientos de los cuerpos celestes con las fluctuaciones meteorológicas y el clima. Otros estudios vinculan las fluctuaciones climáticas con el comportamiento humano. Todo esto se puede atribuir a la órbita del planeta Marte .

Sección I

En 2019, utilizando datos de lanzamiento de cohetes de 2005, descubrí que los enemigos de Israel llevaban a cabo sus ataques de una manera que hacía fácil predecir cuándo decidirían aumentar la intensidad de esos ataques. Al observar cuando Marte estaba dentro de los 30 grados del nodo lunar dentro de un año calendario (enero a diciembre), pude ver una fuerte correlación entre la escalada del lanzamiento de cohetes desde Gaza hacia Israel en relación con el resto del año. Desde 2005, se descubrió que las milicias de Gaza habían disparado cohetes de mayor intensidad cuando Marte estaba dentro de 30 grados del nodo lunar. Después de años de predicciones exitosas, me parece justificado ofrecer una explicación científica que ayude a arrojar luz sobre este asunto. Primero, permítanme brindarles la base y la justificación para iniciar una investigación sobre la influencia de Marte en el comportamiento humano.

El efecto Marte, propuesto por primera vez por el investigador francés Michel Gauquelin en 1955, es una tesis que proporciona evidencia estadística de una conexión entre la posición del planeta Marte y la importancia de los campeones deportivos. La evidencia demostró que existe importancia estadística en el hecho de que Marte aparezca en áreas clave de las cartas astrológicas de los principales campeones deportivos. Gauquelin dividió la carta en 12 sectores y, en su estudio de las cartas astrológicas de miles de atletas de élite, descubrió que Marte estaba posicionado con una probabilidad mayor que la casualidad en los sectores clave, llamados sector ascendente y sector pico. La tasa base para que un planeta apareciera aleatoriamente en 2 de 12 sectores era del 17%. En las extensas muestras de datos de Gauquelin, Marte apareció con una frecuencia del 22%, lo que es más que una mera coincidencia y, por lo tanto, ignorando todos los demás significados posibles, significa que Marte debe tener alguna influencia. Por tanto, este descubrimiento es suficiente para racionalizar la creencia en la influencia de Marte.

En la década de 1980, el profesor Suitbert Ertel desarrolló un criterio para calcular la eminencia contando el número de menciones de un atleta en particular en los libros de referencia deportivos. Cuanto mayor sea el número de menciones, mayor será la eminencia. En su prueba, utilizando la colección de Gauquelin y sus propios

criterios de eminencia, encontró que el efecto Marte desempeñaba un papel más importante en los atletas con mayor número de citaciones. Esto confirmó la hipótesis de Gauquelin de que Marte aparece con mayor frecuencia en sectores clave en los horóscopos de los más grandes campeones deportivos. La importancia del trabajo de Gauquelin radica en el hecho de que fue entonces cuando la astrología fue considerada científicamente por primera vez. El trabajo de Gauquelin y Ertel es la chispa lo suficientemente fuerte como para justificar la creencia en la influencia de Marte y proporciona una base sólida para la creación de un nuevo sistema basado en ciencia y datos empíricos.

Después de que Gauquelin y Ertel asociaran la influencia de Marte con un potencial científico, yo tomé Marte y lo asocié con un significado religioso. Me propuse resolver un antiguo misterio relacionado con el número de la bestia, 666, que proviene de la literatura bíblica cristiana. El 666 es un número que ha creado mucha tensión porque está asociado con Satanás, el gran adversario y enemigo de Dios y su pueblo. En la tradición cristiana, el 666 se define como el número de la bestia y a lo largo de los siglos ha habido muchos intentos de descubrir qué y quién representa este número. Tradicionalmente este número se asocia con una persona, pero otros lo han asociado con sistemas y reinos. En cualquier caso, ha habido innumerables intentos por parte de eruditos y místicos para resolver el misterio del 666. Me propuse resolver el rompecabezas y se me ocurrió Mars 360, que representa la revolución de Marte alrededor del sol y su influencia en la humanidad.

Usando la Gematria sumeria inglesa, en la que las letras del alfabeto están numeradas en múltiplos de 6... A = 6, B = 12, c = 18, etc., sumé las letras de Marte y obtuve 306. Por simplemente sumando 360 a 306, obtuve 666 y asocié a Satanás con la influencia de Marte o Marte 360. Recuerde que en la tradición talmúdica judía, Samael es el rey de los demonios y un archienemigo de Israel y está gobernado por Marte. Así que aquí tenemos una tradición religiosa que precede y sugiere una futura comprensión científica de la influencia de Marte.

Combinando esta afirmación religiosa con el apoyo científico del trabajo de Gauquelin sobre la influencia de Marte en destacados campeones deportivos y examinando si Marte también se aplica a otros asuntos terrenales relacionados con el ethos abrahámico de 666/la Bestia/Satanás, pude encontrar que La posición de Marte dentro de los 30 grados del nodo lunar coincidió con la escalada del lanzamiento de cohetes desde Gaza hacia Israel desde 2005. Es importante señalar que las cualidades competitivas adversas evidentes a partir de la conclusión de la investigación de Gauquelin de que Marte influye en los campeones deportivos también son aplicables a soldados o terroristas en situaciones en las que el objetivo es dominar o destruir a un oponente. Descubrí esta conexión en 2019. Después de descubrir esto, pude demostrar que así era en tiempo real. Según mi investigación, las estadísticas muestran que Marte normalmente experimenta un tránsito completo dentro de los 30 grados del nodo lunar durante un período de aproximadamente 3 a 3,5 meses por año calendario, a menos que Marte esté retrógrado durante la alineación, lo que puede extender la duración de este constelación. La tasa base para predecir que algo sucederá dentro de un período de aproximadamente tres meses dentro de un año calendario es aproximadamente del 30,0%. Básicamente, cualquiera que seleccione al azar 3,5 meses dentro de un año calendario tiene aproximadamente un 30% de posibilidades de predecir el período en el que se produciría el mayor lanzamiento de cohetes desde Gaza hacia Israel. Sin embargo, entre 2019 y 2024, al observar Marte, pude predecir con precisión cuándo ocurriría la mayor concentración de lanzamientos de misiles contra Israel con una tasa de éxito del 100%. En 2020, Marte estuvo dentro de 30 grados del nodo lunar entre el 15 de enero y el 3 de abril. Según los datos, este período incluyó la mayor concentración de lanzamientos de misiles contra Israel en comparación con todo 2020. Se lanzaron alrededor de 115 misiles en este momento, más que en cualquier otro momento de 2020. En 2021, Marte transitó entre el 9 de febrero y mayo. 13, una fase completa en la que estuvo dentro de 30 grados del nodo lunar. Hacia el final de esta fase, se dispararon más de 4.000 cohetes contra Israel, más que en cualquier otro momento de 2021. En 2022, Marte pasó por una fase completa en la que estuvo a 30 grados entre el 22 de junio y el 19 de septiembre del nodo lunar. Durante este período, a principios de agosto, se dispararon aproximadamente

1.100 cohetes contra Israel, más que en cualquier otro momento de 2022. En 2023, Marte pasó por una fase completa en la que estuvo dentro de 30 grados del nodo lunar entre el 24 de agosto y el 15 de noviembre, y Durante este tiempo, los terroristas dispararon 10.000 cohetes contra Israel, más que en cualquier otro momento de 2023. En 2024, Marte pasó por una fase completa entre el 12 de abril y el 25 de junio en la que estuvo dentro de 30 grados del nodo lunar. Durante ese tiempo, Hamás y la Jihad Islámica dispararon alrededor de 770 cohetes, superando ya la cantidad disparada en cualquier otro momento de 2024.

Según datos sobre el lanzamiento de cohetes desde Gaza desde 2005, Hamás y la Jihad Islámica han disparado un total de 26.722 cohetes contra Israel. Desde 2005, se han disparado 18.636 cohetes contra Israel mientras Marte se encontraba dentro de 30 grados del nodo lunar. En cualquier otro momento desde 2005, se han disparado 8.086 cohetes contra Israel. El 68% de todos los misiles disparados contra Israel desde 2005 fueron disparados mientras Marte estaba dentro de los 30 grados del nodo lunar. En 15/20 años, entre 2005 y 2024, la mayoría de los cohetes se dispararon durante el año calendario mientras Marte estaba dentro de los 30 grados del nodo lunar. En 20/20 años, entre 2005 y 2024, el mes con mayor lanzamiento de cohetes del año fue también el mes en el que Marte estuvo dentro de 30 grados del nodo lunar. Esta es una correlación del 100 por ciento.

Por supuesto, después de encontrarme con muchos escépticos que a menudo plantean la advertencia de que correlación no es igual a causalidad, me veo obligado a proporcionar una explicación más biológica y geológica que podría explicar esta tesis de Marte más allá del mero análisis estadístico. Sin embargo, hay que decir que cualquier esfuerzo que aplique el razonamiento inductivo debe presentar un modelo predictivo, y aquí ya lo tenemos. En cualquier caso, veamos ejemplos de algunas de las teorías que se han planteado sobre cómo Marte o los cuerpos celestes podrían influir en el comportamiento humano.

Durante el trabajo de Gauquelin sobre el efecto Marte, hubo numerosos intentos de explicar cómo Marte podría ejercer una

influencia geológica o biológica en el comportamiento humano. Gauquelin sugirió que el nacimiento del feto se desencadenaba por su respuesta a señales planetarias. Frank McGillion, autor de The Opening Eye, explicó esto con más detalle planteando la hipótesis de que las señales son detectadas por la glándula pineal. Jacques Halbronn y Serge Hutin, autores de Histoire de l'astrologie, postularon más tarde que las creencias de una persona están determinadas genéticamente. En 1990, Percy Seymour, autor de The Evidence of Science, intentó explicar que las señales emitidas por los planetas son el resultado de la interacción entre las mareas planetarias y la magnetosfera. Peter Roberts supuso que el alma humana percibe las señales de los planetas. El profesor de psicología alemán Arno Müller argumentó que los hombres nacidos con planetas prominentes eran los hombres dominantes con mayores derechos reproductivos. Ertel intentó descubrir si existía una base física para el efecto Marte. Probó Marte en relación con la Tierra y comprobó si la distancia entre la Tierra y Marte provocaría variaciones en el efecto Marte. Ertel descartó el tamaño angular, la declinación, la posición orbital relativa al Sol y la actividad geomagnética en la Tierra como algo que pudiera explicar físicamente el efecto Marte. Explico con más detalle el fenómeno marciano postulando y demostrando cómo Marte produce un efecto cuando está dentro de los 30 grados del nodo lunar. La esencia de esta alineación e hipótesis es esencialmente que cuanto más cerca está el planeta Marte de la intersección entre la órbita de la Luna y la órbita de la Tierra, se crea un efecto que hace que las personas exhiban características más pesimistas, cínicas y agresivas. Durante esta fase, los inversores del mercado de valores son negativos acerca del mercado mientras que los militantes se vuelven más agresivos, en comparación con otras épocas en las que Marte no está dentro de los 30 grados del Nodo Lunar. La suposición básica, fácilmente justificable, es que si la Luna ejerce una fuerza gravitacional sobre las mareas del océano y los seres humanos somos principalmente agua, es razonable suponer que la Luna puede influir en el comportamiento humano. Sin embargo, llegué a la conclusión de que Marte debe tener un efecto similar al de la Luna.

Los nodos lunares son las intersecciones entre la órbita de la Luna alrededor de la Tierra y la órbita de la Tierra alrededor del Sol.

Comenzando dentro de los 30 grados del nodo lunar, cuanto más cerca esté la órbita de Marte alrededor del Sol de la intersección (nodo lunar) entre la órbita de la Luna alrededor de la Tierra y la órbita de la Tierra alrededor del Sol, mayor será la influencia de Marte en la órbita de la Luna alrededor de la Luna. los acontecimientos del Sol en la Tierra. La mejor explicación física que puedo dar probablemente provenga de la influencia de la luna. He sugerido que, dado que se ha confirmado que la Luna ejerce una fuerza gravitacional sobre la Tierra, de modo que cuanto más cerca está de la Tierra, más altas son las mareas, la Luna también debe afectar el estado de ánimo de las personas, ya que el cuerpo humano se compone principalmente de de agua. Dado que esta explicación de Marte se basa en su posición relativa a la intersección entre la órbita de la Luna y la órbita de la Tierra, sostengo que Marte podría ejercer influencia sobre los humanos de manera similar. Mi gran oportunidad llegó en 2024, cuando los científicos descubrieron que Marte ejerce una fuerte fuerza gravitacional sobre la Tierra que acerca a la Tierra al Sol, lo que provoca períodos de calentamiento y enfriamiento que abarcan más de 2 millones de años. Tenga en cuenta que mis postulados sobre Marte, así como los de Gauquelin, preceden a este descubrimiento científico de que Marte efectivamente tiene un impacto en la Tierra. Y ahora, en 2024, los científicos están empezando a postular que Marte realmente tiene un impacto en el clima y las mareas de los océanos de la Tierra, lo que confirma mi tesis y la de Gauquelin.

Aquí hay un artículo de science.org: "La luna provoca mareas altas y bajas, pero no es el único cuerpo celeste que influye en las aguas de la Tierra. La gravedad de Marte influye en las corrientes marinas profundas de nuestro planeta, según un estudio publicado esta semana en Nature Communications".

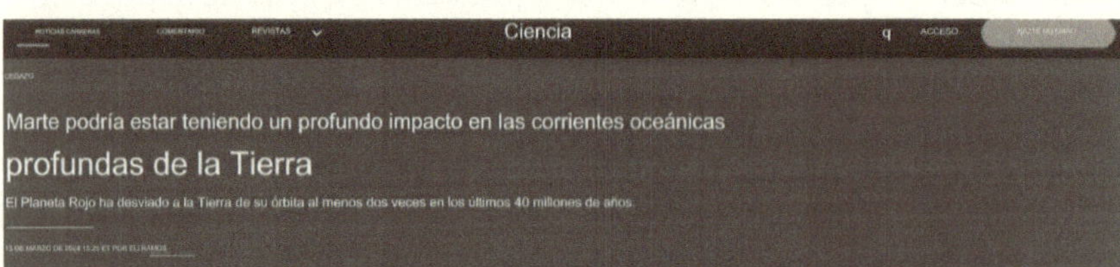

Aquí hay un extracto del artículo.

Un estudio publicado en Nature Communications esta semana. Al comparar más de 50 años de registros de perforaciones en aguas profundas con cambios en la órbita de la Tierra, los investigadores descubrieron que la atracción gravitatoria de Marte sobre la Tierra está provocando que se tambalee ligeramente sobre su eje. Cada 2,4 millones de años, la órbita de Marte se acerca lo suficiente a la Tierra como para que su gravedad pueda afectarla, inclinando la trayectoria y orientación habituales de la Tierra. Este cambio orbital hace que la Tierra esté expuesta a más luz solar, lo que calienta el clima, lo que, a su vez, agita las corrientes oceánicas y las hace más fuertes. Sin embargo, algunos investigadores dudan de que la débil atracción gravitatoria de Marte sea la verdadera causa de estos cambios, informa New Scientist.

Esto abre las compuertas a la influencia de Marte y con esta información podemos obtener más información sobre cómo Marte influye en el comportamiento humano. Según este hallazgo científico, cuando Marte orbita alrededor del Sol, ejerce una fuerza gravitacional sobre la Tierra, que en última instancia afecta la inclinación del eje terrestre y la órbita de la Tierra, provocando calentamiento durante largos períodos de tiempo, en realidad millones de años, y enfriamiento. períodos. Con este entendimiento, podemos suponer que incluso durante un año calendario mientras Marte orbita alrededor del Sol, todavía ejerce cierta atracción gravitacional y cierto grado de calentamiento, aunque sea muy pequeño. Esto explica la rotación de Marte alrededor del Sol, lo que también nos permite explicar cómo influye el Nodo Lunar en todo esto.

Según la NASA, la Luna se aleja de la Tierra 3 centímetros cada año a medida que su órbita se expande. Mis preocupaciones sugieren que Marte podría ser el catalizador de este efecto, ya que se mueve dentro de los 30 grados del nodo lunar. Déjame explicarte.

Existe una fuerza gravitacional entre todos los objetos del universo. La fuerza gravitacional de una masa no sólo afecta la posición y orientación de otras masas y viceversa, sino que también puede afectar las órbitas de otras masas y viceversa. Esto ocurre cuando Marte se acerca dentro de 30 grados del nodo lunar; esencialmente, la masa de Marte ejerce una fuerza gravitacional en la órbita de la Luna alrededor de la Tierra. Esto sucede a través de los nodos lunares.

El nodo lunar es simplemente el punto donde la órbita de la Luna alrededor de la Tierra se cruza con la órbita de la Tierra alrededor del Sol. Esta intersección, supongo, expone la órbita de la Luna a la fuerza gravitacional de Marte cuando Marte está dentro de los 30 grados del nodo lunar, lo que efectivamente causaría que la órbita de la Luna se acercara más al Sol con el tiempo, lo que de ahora en adelante movería el La Luna se aleja 3 cm de la Tierra cada año. Con la nueva comprensión de que Marte, cuando orbita alrededor del Sol, ejerce una fuerza gravitacional sobre la inclinación del eje de la Tierra, provocando períodos de calentamiento y enfriamiento durante millones de años e incluso en períodos de tiempo más cortos, ahora podemos concluir que si Marte es Dentro de los 30 grados del nodo lunar, Marte también ejerce una fuerza gravitacional sobre la órbita de la Luna y estira el plano orbital de la Luna, alejando así a la Luna de la Tierra, lo que en consecuencia tendría un efecto desestabilizador en el bamboleo de la Tierra, ya que es el Luna que es responsable de la estabilidad del bamboleo de la Tierra. Los investigadores señalan que a medida que la Luna se aleja de la Tierra, la Tierra experimentaría en consecuencia grandes fluctuaciones en los patrones climáticos, ya que la influencia cada vez menor de la Luna en la estabilización del bamboleo de la Tierra haría que el bamboleo de la Tierra se volviera irregular, lo que conduciría a cambios estacionales drásticos. Si tenemos en cuenta a Marte, ahora podemos comprender esta dinámica.

Desde esta perspectiva, dado que existe una gran cantidad de evidencia científica que vincula la agresión con temperaturas más altas, podemos aplicar fácilmente la agresión correspondiente que extrapolamos de la influencia de Marte a temperaturas más cálidas; podemos usar esto como principio para nuestra investigación sobre la influencia de Marte en el comportamiento humano. Sin embargo, en este caso, deberíamos plantear la hipótesis de que la agresión correspondiente proviene de temperaturas más altas en relación con la media y que estos escenarios están relacionados con que Marte se encuentre dentro de los 30 grados del nodo lunar. Ahora se puede concluir que cuando Marte está dentro de los 30 grados del nodo lunar, puede ejercer una influencia gravitacional aún mayor sobre la inclinación del eje de la Tierra al tirar de la órbita de la Luna, expandiendo así la órbita de la Luna, a medida que la Luna se mueve gradualmente. Cuanto más lejos de la Tierra, la influencia estabilizadora de la Luna sobre la oscilación de la Tierra disminuye, lo que expondría a la Tierra a mayores fluctuaciones de temperatura incluso cuando Marte continúa ejerciendo una fuerza gravitacional sobre la Tierra mientras viaja alrededor del Sol. Por lo tanto, esto debería tener un mayor impacto en las temperaturas y el comportamiento humano. Esto puede explicar por qué hay evidencia de que las acciones humanas son más drásticas cuando Marte está dentro de 30 grados del nodo lunar.

Estos críticos de la influencia marciana ya no pueden ignorar la influencia marciana y atribuir la agresión de Gaza, Medio Oriente o cualquier otro lugar a las temperaturas más cálidas de primavera y verano. Puedo refutar la afirmación de que la agresión militante puede atribuirse simplemente a cambios climáticos estacionales y no a la influencia marciana.

Aquellos que afirman que cualquiera puede predecir la escalada máxima de lanzamiento de cohetes contra Israel suponiendo que ocurrirá en los meses más cálidos pueden poner a prueba su teoría. Su teoría da una ventana de tiempo de 7 meses, que es mucho mayor que la mía de 3,5 meses. Aquí están mis plazos para predecir una escalada en el lanzamiento de misiles desde Marte dentro de los 30 grados del nodo lunar, que han sido precisos cada año.

15 de enero de 2020 – 3 de abril de 2020 – escalada más alta en febrero

9 de febrero de 2021 – 13 de mayo de 2021 – la escalada más alta se produjo en mayo

22 de junio de 2022 – 19 de septiembre de 2022 – escalada más alta en agosto

24 de agosto de 2023 – 15 de noviembre de 2023 – escalada más alta en octubre

12 de abril de 2024 – 25 de junio de 2024 – la escalada más alta hasta la fecha tuvo lugar en mayo

Si uno hubiera intentado predecir que durante los últimos cinco años la mayor escalada de lanzamiento de cohetes contra Israel en comparación con el resto del año se produciría en los meses de primavera y verano, entre el 20 de marzo y el 20 de septiembre (una ventana de 7 meses), habría acertado en 3 de los últimos 5 años. Sin embargo, se habría equivocado en 2020 y 2023, cuando realmente importaba, especialmente dada la escala de los ataques del 7 de octubre de 2023. Así que incluso con una ventana de 7 meses, todavía no habrían logrado seguir el ritmo de un pronóstico que utiliza una ventana de 3,5 meses durante la cual Marte es dentro de 30 grados del nodo lunar.

Además, puedo argumentar que las temperaturas más altas en comparación con la media pueden provocar violencia en el Medio Oriente debido a la gravedad de Marte en la Tierra, que lo acerca al Sol. Es fácil confundirse aquí porque Marte está más lejos del Sol que la Tierra, lo que lleva a pensar que la gravedad de Marte simplemente alejaría a la Tierra del Sol. Visualizar cómo Marte y la Tierra orbitan alrededor del Sol y cómo hay momentos en que Marte está más cerca y más lejos de la Tierra puede ayudar a evitar confusiones. A medida que Marte orbita alrededor del Sol, su gravedad acerca la inclinación del eje de la Tierra al Sol cuanto más se aleja de la Tierra. Y, por el contrario, cuanto más cerca esté Marte de la Tierra en su revolución alrededor del Sol, más inclinaría la gravedad de Marte el eje de la Tierra alejándolo del Sol. Aquí hay una visualización.

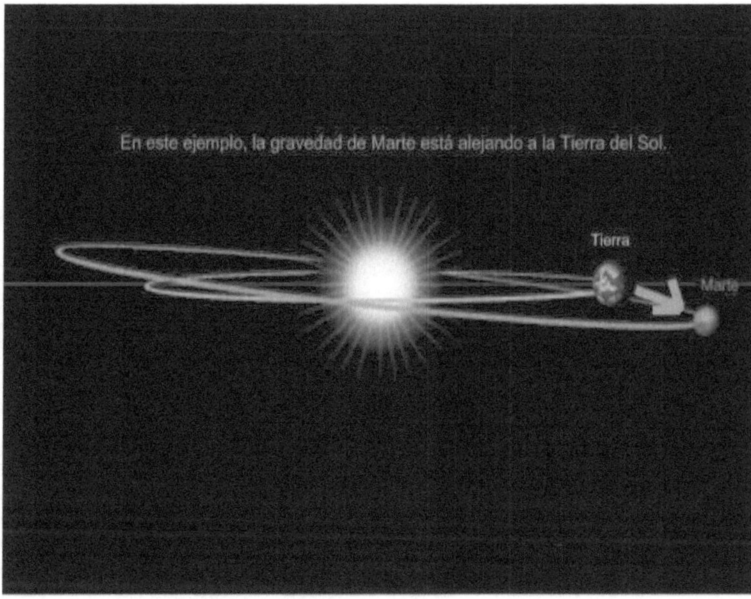
En este ejemplo, la gravedad de Marte está alejando a la Tierra del Sol.
Tierra
Marte

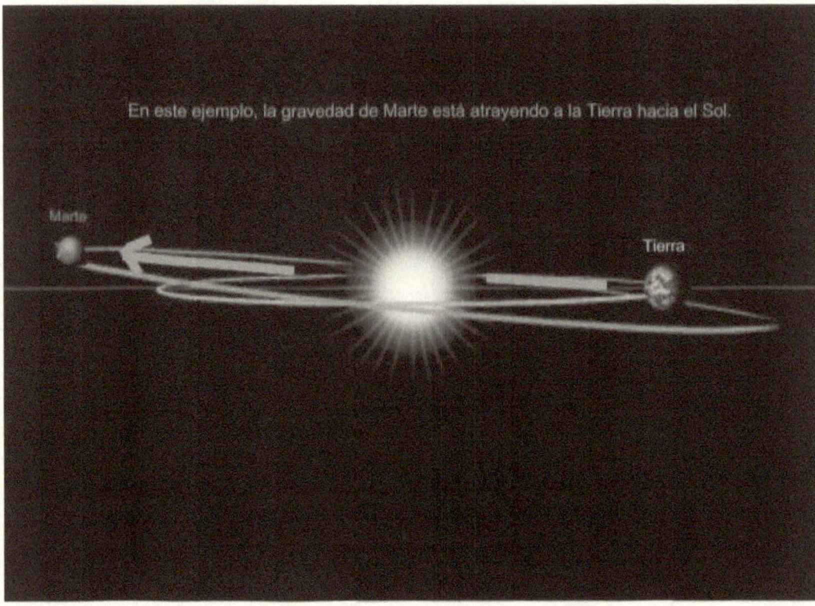
En este ejemplo, la gravedad de Marte está atrayendo a la Tierra hacia el Sol.
Marte
Tierra

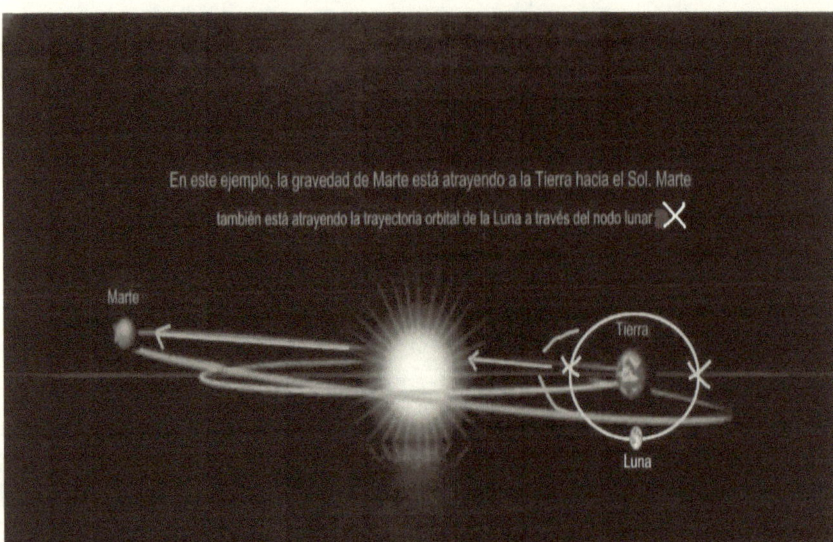
En este ejemplo, la gravedad de Marte está atrayendo a la Tierra hacia el Sol. Marte
también está atrayendo la trayectoria orbital de la Luna a través del nodo lunar
Marte
Tierra
Luna

Dado el descubrimiento científico de la influencia gravitacional de Marte sobre la Tierra y su impacto en el clima terrestre, podemos suponer que este efecto de Marte, que permite largos períodos de enfriamiento y calentamiento de la Tierra, es el resultado del lento cambio en la inclinación axial y la órbita. de la Tierra a través de Marte. Durante la influencia gravitacional de Marte, que acerca la inclinación de la Tierra al Sol y, por lo tanto, la expone a más radiación solar, la órbita de la Tierra también se ve afectada y se vuelve más elíptica con el tiempo, exponiendo a la Tierra a más radiación térmica en el perihelio que en el perihelio Afelio. Actualmente, la órbita de la Tierra es casi circular, y la radiación térmica en el perihelio tiene sólo una diferencia del 6% en comparación con el afelio.

La inclinación de la Tierra es el principal factor que explica los cambios de temperatura, a diferencia de la proximidad de la Tierra al Sol. De hecho, la Tierra está más cerca del Sol en enero, pero las temperaturas son más bajas en esta época. En julio, sin embargo, la Tierra está más alejada del Sol, pero las temperaturas siguen siendo más cálidas. La razón de esta dinámica radica en cómo la inclinación del eje de la Tierra afecta la forma en que los rayos del sol inciden en la Tierra. En verano, los rayos del sol inciden en la Tierra en un ángulo pronunciado y no se propagan, lo que provoca una mayor concentración de energía en la Tierra. Esto contrasta con el invierno, cuando el sol incide sobre la Tierra en un ángulo más plano, donde los rayos del sol están más dispersos y consumen menos energía. Se puede intentar aplicar esta dinámica a la situación del lanzamiento de cohetes en Gaza, pero, como se explicó, utilizar los meses de primavera y verano habría dado lugar a errores de cálculo en dos de los cinco años que usé como ejemplo. Si tomamos en cuenta a Marte, podemos suponer que su posición relativa a la Tierra influye en las temperaturas promedio en una estación determinada. Por ejemplo, digamos que Marte está más lejos de la Tierra, dentro de 30 grados del nodo lunar, pero ejerce una fuerza gravitacional sobre la inclinación del eje de la Tierra, acercando el ángulo al Sol, aunque sea por un pequeño grado. El resultado, en teoría, independientemente de la estación, debería ser una temperatura promedio más alta, tal vez más precipitaciones, exponiendo así a las personas a mayores niveles de agresión. Aquí hay un ejemplo. Aquí hay una representación visual de Marte alineándose con la Tierra el 7 de octubre , el día en que Hamás lanzó una operación terrorista masiva contra Israel. Marte estaba dentro de 30 grados del nodo lunar pero lejos de la Tierra, pero ejercía fuerzas gravitacionales que empujaban la inclinación del eje de la Tierra hacia el Sol.

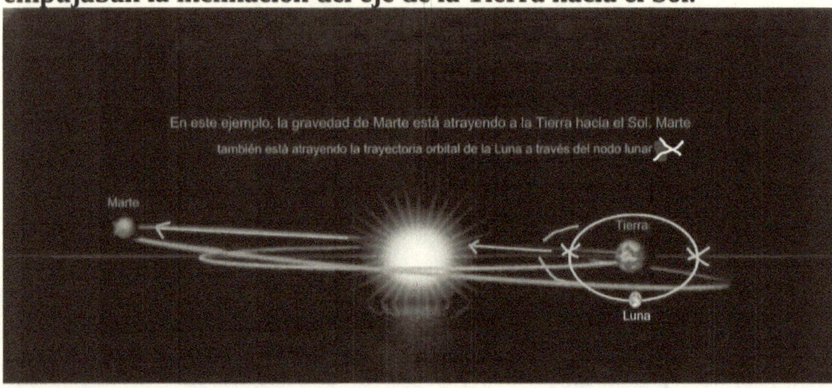

Aquí está la carta astrológica del 7 de octubre. En una carta astrológica, la Tierra siempre está opuesta al Sol. Agregué un ícono

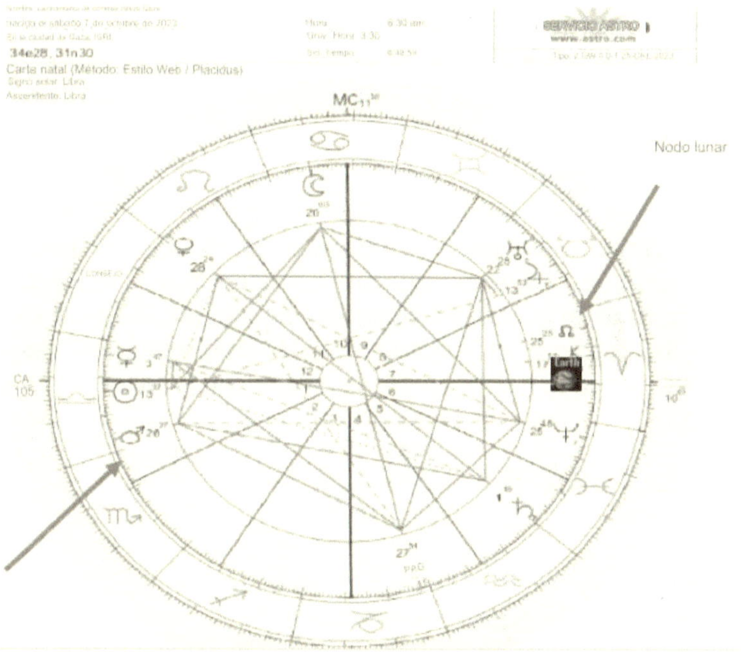

Este es un ejemplo de un ataque importante en otoño, no un período típico conocido por un clima agresivo. Por lo tanto, podemos observar aquí el factor Marte. Supuse que la influencia de Marte en la agresión no estaba relacionada con temperaturas más altas en general, sino más bien con temperaturas más altas en comparación con el promedio. Octubre de 2023 fue el octubre más cálido jamás registrado.

Administración Nacional
Oceánica y Atmosférica

Inicio / Noticias y artículos

El planeta acaba de tener su octubre más cálido registrado

Hasta ahora, 2023 es un año récord de calor en el mundo

Áreas de interés: Satélites Clima Temas: clima, calor, hielo marino, datos climáticos, sequía, calor oceánico, informe climático mensual

15 de noviembre de 2023

El clima en cifras

Octubre de 2023

La temperatura media global de octubre fue 1,34 grados Celsius (2,41 grados F) superior a la media del siglo XX de 14,0 grados C (57,1 grados F), lo que la convierte en el octubre más cálido del mundo registrado. Esta temperatura fue 0.24 grados C (0,43 grados F) superior al récord anterior de octubre de 2015. Por séptimo mes consecutivo, la temperatura superficial del océano a nivel mundial también alcanzó un récord.

Existe una gran cantidad de información, estudios e investigaciones que relacionan las temperaturas más altas con la agresividad y la reducción del rendimiento cognitivo. Sin embargo, en relación con la tesis de Marte y su influencia en la agresión, sostengo que las temperaturas más altas en comparación con la media desencadenan la agresión y reducen el rendimiento cognitivo. También concluyo que estas temperaturas más altas en comparación con la media deberían, en teoría, traer consigo precipitaciones superiores a la media.

He adjuntado a este documento los datos de los lanzamientos de cohetes desde Gaza para su referencia.

Estas estadísticas se refieren únicamente a los militantes en Gaza y a todos los lanzamientos de cohetes desde Gaza hacia Israel desde 2005.

Existe un patrón según el cual la mayor concentración de lanzamiento de cohetes contra Israel en un año calendario se produce cuando Marte se encuentra a 30 grados del nodo lunar. Esto ocurre a un ritmo del 70% desde 2005.

En cada año desde 2005, el mes en el que se produjo el mayor lanzamiento de cohetes fue un mes en el que Marte estuvo a 30 grados del nodo lunar en algún momento.

Figura H - Ataques con cohetes desde Gaza a Israel

*La mayor cantidad de lanzamiento de cohetes del año

	2005	2006	2007	2008	2009	2010	2011	2012
Ene	40	7	28	136	345*	13	17	9
Feb	5	9	43	228	52	5	6	36
Mar	23	41	31	103	34	35*	38	173
Abr	34	79	25	373*	5	5	87	10
May	77	54	257*	206	1	14	1	3
Jun	129	140	63	153	2	14	4	83
Jul	211*	191*	61	4	1	13	20	18
Ago	50	41	81	8	1	14	145*	21
Sep	61	40	70	1	-10	18	8	17
Oct	26	52	53	1	1	3	52	116
Nov	42	157	65	125	4	5	11	1734*
Dic	76	50	113	361	4	15	30	1

Figura H - Ataques con cohetes desde Gaza a Israel

*La mayor cantidad de lanzamiento de cohetes del año

	2013	2014	2015	2016	2017	2018	2019
Ene	0	22	0	0*	0	6	0
Feb	1	9	0	0	7*	4	0
Mar	4	65	0	5	2	0	3
Abr	17*	19	1	0	1	0	0
May	1	4	1	2	1	70	600*
Jun	5	62	3	0	1	64	3
Jul	5	2,874*	1	2	2	174*	6
Ago	4	950	3	1	1	8	0
Sep	8	0	4	0	0	0	1
Oct	3	1	5*	0	1	0	0
Nov	0	0	3	0	0	27	455
Dic	4	1	4	0	7	0	4

Figura H - Ataques con cohetes desde Gaza a Israel

*La mayor cantidad de lanzamiento de cohetes del año

	2020	2021	2022	2023	2024	2025	2026
Ene	8	3	0	1	357		
Feb	104*	0	0	8	165		
Mar	0	0	0	0	104		
Abr	0	45	5	66	113		
May	1	4375*	0	1470	452*		
Jun	3	0	1	0	205		
Jul	3	0	4	6	216		
Ago	15	1	1100*	0	116		
Sep	13	2	0	0			
Oct	3	0	0	8500*			
Nov	3	0	4	2000			
Dic	2	0	1	1000			

Fechas de Marte a 30 grados del nodo lunar

29 de mayo de 2005 - 29 de agosto de 2005

17 de noviembre de 2005 - 27 de diciembre de 2005

20 de julio de 2006 - 14 de octubre de 2006

19 de marzo de 2007-30 de mayo de 2007

28 de abril de 2008-31 de julio de 2008

8 de enero de 2009-24 de marzo de 2009

24 de agosto de 2009-2 de mayo de 2010

02 de noviembre de 2010 - 18 de enero de 2011

11 de junio de 2011-1 de septiembre de 2011

24 de agosto de 2012 - 12 de noviembre de 2012

03 de abril de 2013-22 de junio de 2013

19 de diciembre de 2013-28 de agosto de 2014

27 de enero de 2015 - 12 de abril de 2015

27 de septiembre de 2015 - 26 de diciembre de 2015

21 de noviembre de 2016 - 1 de febrero de 2017

11 de julio de 2017 - 10 de octubre de 2017

08 de abril de 2018 - 14 de noviembre de 2018

1 de mayo de 2019-29 de julio de 2019

15 de enero de 2020-3 de abril de 2020

A continuación se muestran las fechas futuras de Marte dentro de los 30 grados del nodo lunar.

9 de febrero de 2021-13 de mayo de 2021

4 de noviembre de 2021-22 de enero de 2022

22 de junio de 2022-19 de septiembre de 2022

26 de diciembre de 2022 - 24 de marzo de 2023

24 de agosto de 2023 - 15 de noviembre de 2023

12 de abril de 2024-25 de junio de 2024

5 de junio de 2025-4 de septiembre de 2025

4 de febrero de 2026 - 19 de abril de 2026

27 de septiembre de 2026 - 12 de junio de 2027

Durante cinco años consecutivos, he podido predecir cuándo se producirá la mayor concentración de disparos de cohetes contra Israel ocurriría dentro de un año calendario.

En los últimos cinco años se predijo que la mayor escalada de lanzamiento de cohetes en un año calendario ocurriría ocurrirá durante el tiempo en que Marte estaría a 30 grados del nodo lunar.

1. 15 de enero de 2020-3 de abril de 2020-https://www.youtube.com/watch?v=e5Gx04ZW2fc
2. 9 de febrero de 2021-13 de mayo de 2021-https://www.youtube.com/watch?v=v1sA-ZS73Lw&t
3. 22 de junio de 2022-19 de septiembre de 2022-https://www.youtube.com/watch?v=6EniwV0TWew&t
4. 24 de agosto de 2023-15 de noviembre de 2023-https://www.youtube.com/watch?v=IGbNPE09q54&t
5. 12 de abril de 2024-25 de junio de 2024-https://www.youtube.com/watch?v=qW_-CiWu5b0&t

https://www.youtube.com/@anthonym1690

Según datos sobre lanzamiento de cohetes desde Gaza que se remontan a 2005,
Hamás y la Jihad Islámica dispararon un total de 26.722 cohetes contra Israel.

Desde 2005 se dispararon 18.636 cohetes contra Israel mientras Marte estaba a 30 grados del nodo lunar.

En cualquier otro momento desde 2005, se dispararon 8.086 cohetes contra Israel.

El 68% del total de cohetes disparados contra Israel desde 2005 se dispararon mientras Marte estaba a 30 grados del nodo lunar.

En los 15/20 años transcurridos entre 2005 y 2024, la mayoría de los cohetes disparados durante el año calendario se realizaron mientras Marte estaba a 30 grados del nodo lunar.

En 20/20 años entre 2005 y 2024, el mes que contuvo el mayor lanzamiento de cohetes durante el año también fue cuando Marte estaba a 30 grados del nodo lunar.

A continuación se muestran gráficos que representan los ataques con cohetes contra Israel desde 2005.

Lanzamiento de cohetes a Israel en 2024

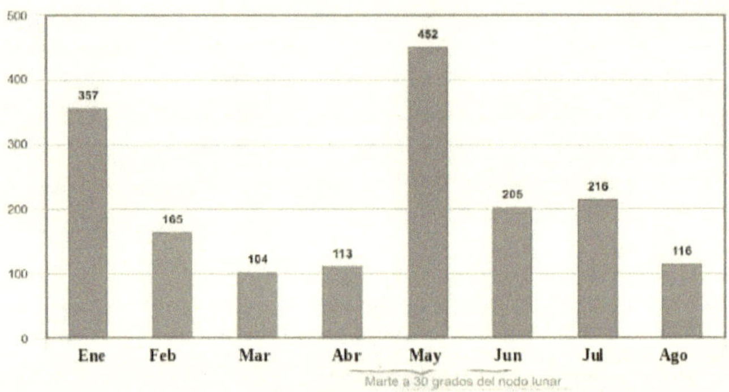

Lanzamiento de cohetes contra Israel en 2023

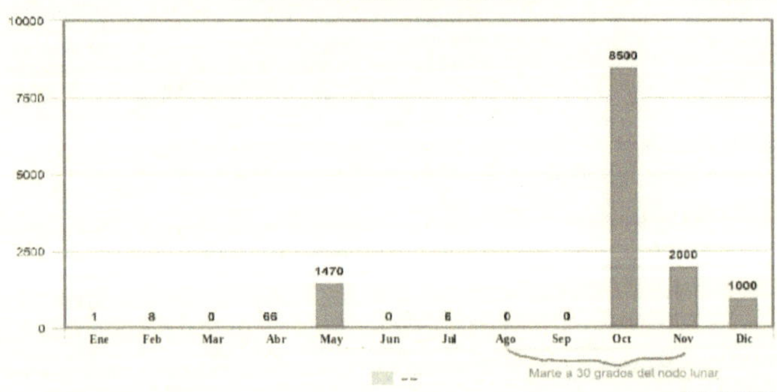

Lanzamiento de cohetes contra Israel en 2022

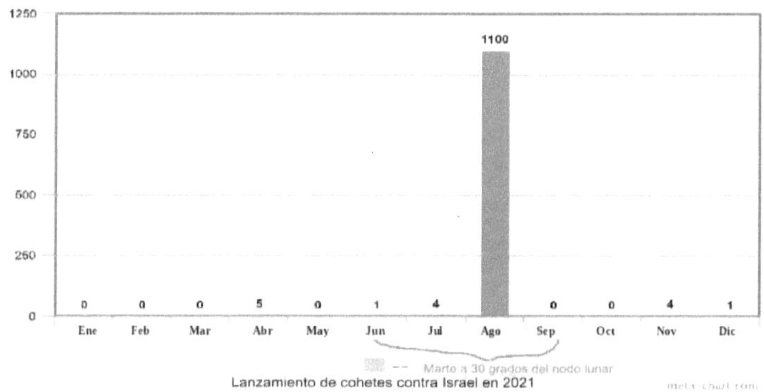

Lanzamiento de cohetes contra Israel en 2021

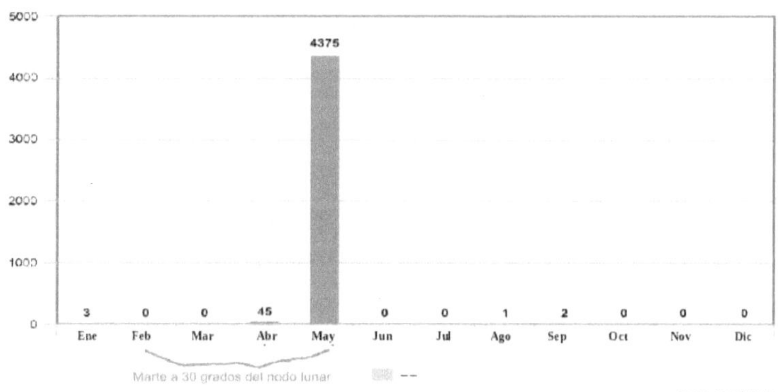

Lanzamiento de cohetes contra Israel en 2020

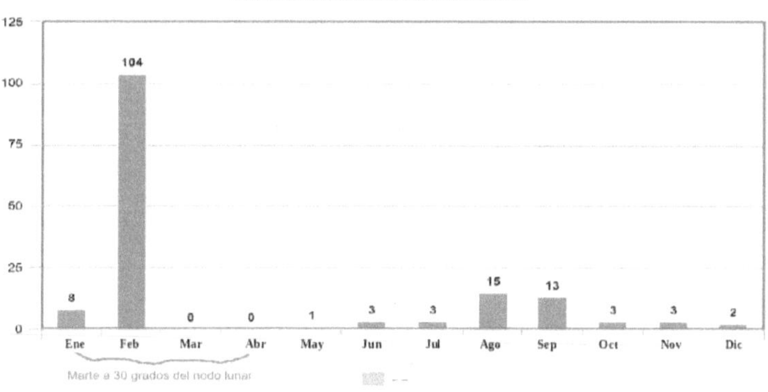

Lanzamiento de cohetes contra Israel en 2019

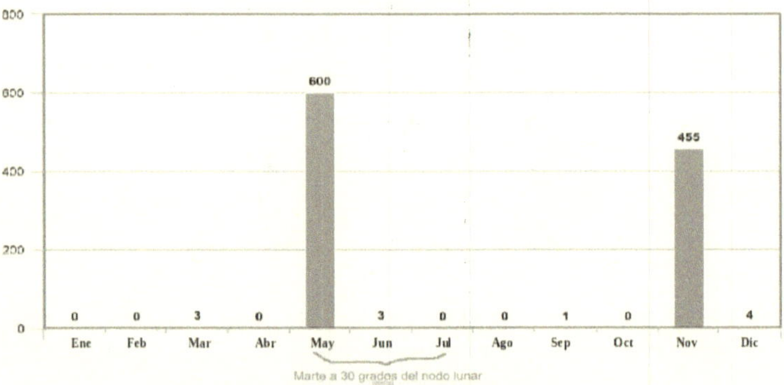

Lanzamiento de cohetes contra Israel en 2018

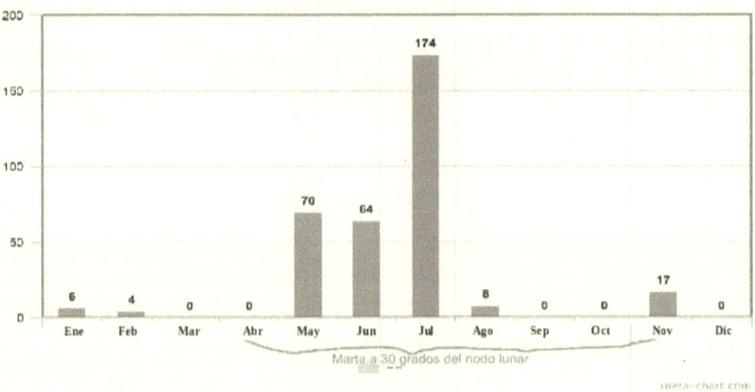

Lanzamiento de cohetes contra Israel en 2017

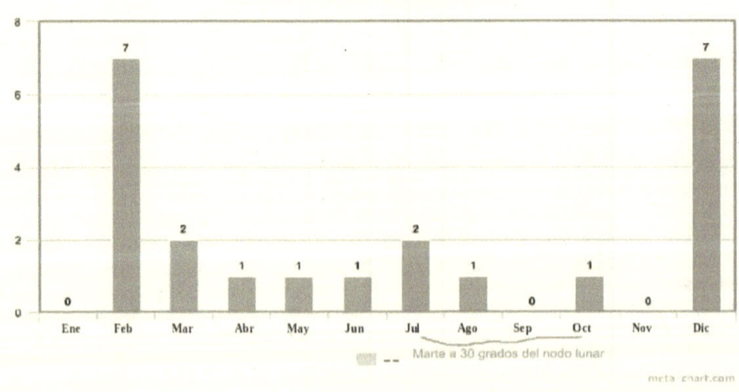

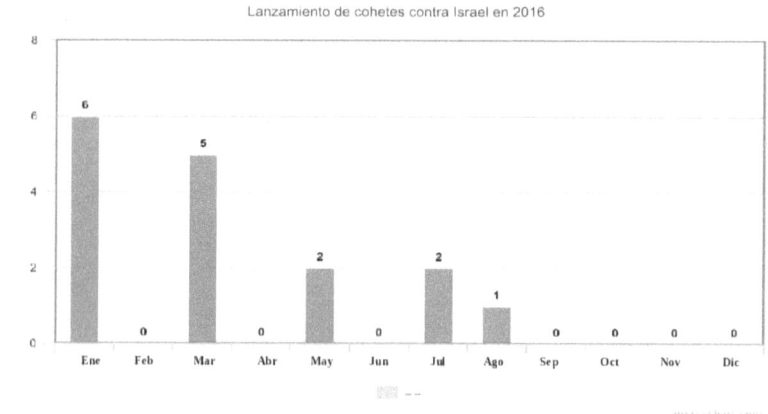
Lanzamiento de cohetes contra Israel en 2016
8
6
4
2
0
6
0
5
0
2
0
2
1
0
0
0
0
Ene
Feb
Mar
Abr
May
Jun
Jul
Ago
Sep
Oct
Nov
Dic

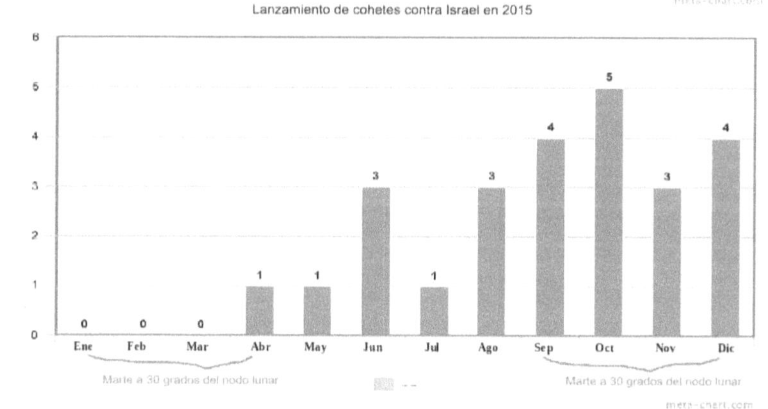
Lanzamiento de cohetes contra Israel en 2015
6
5
4
3
2
1
0
0
0
0
1
1
3
1
3
4
5
3
4
Ene
Feb
Mar
Abr
May
Jun
Jul
Ago
Sep
Oct
Nov
Dic
Marte a 30 grados del nodo lunar
Marte a 30 grados del nodo lunar
meta-chart.com

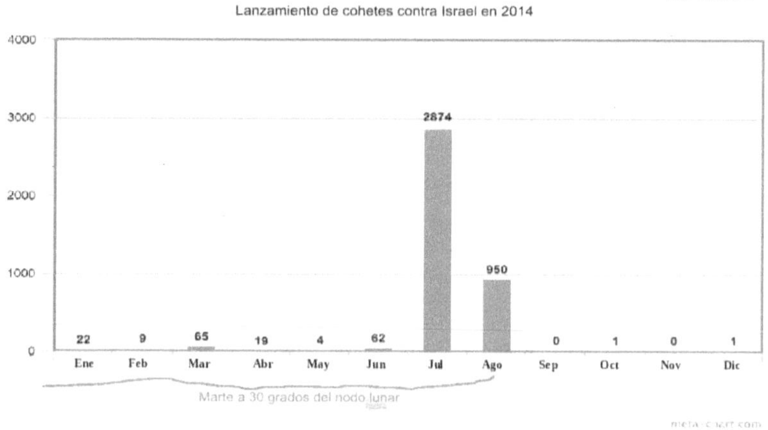
Lanzamiento de cohetes contra Israel en 2014
4000
3000
2000
1000
0
22
9
65
19
4
62
2874
950
0
1
0
1
Ene
Feb
Mar
Abr
May
Jun
Jul
Ago
Sep
Oct
Nov
Dic
Marte a 30 grados del nodo lunar

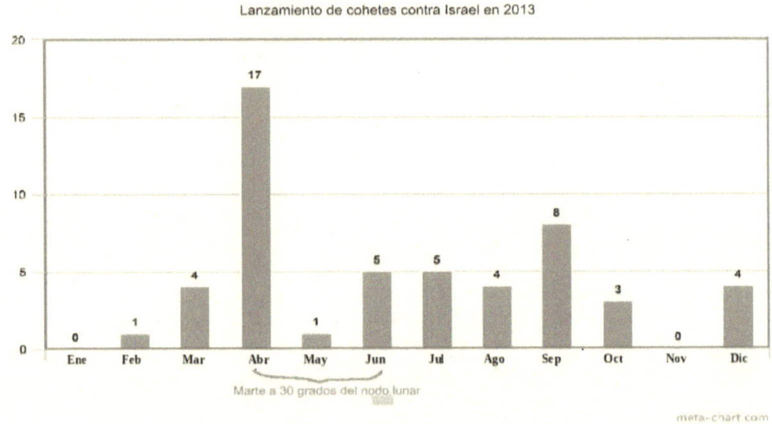
Lanzamiento de cohetes contra Israel en 2013
20
15
10
5
0
0
1
4
17
1
5
5
4
8
3
0
4
Ene
Feb
Mar
Abr
May
Jun
Jul
Ago
Sep
Oct
Nov
Dic
Marte a 30 grados del nodo lunar
meta-chart.com

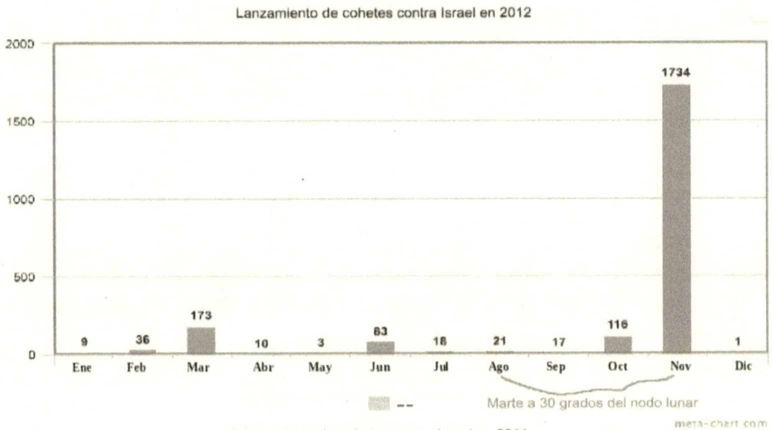
Lanzamiento de cohetes contra Israel en 2012
2000
1500
1000
500
0
9
36
173
10
3
83
18
21
17
116
1734
1
Ene
Feb
Mar
Abr
May
Jun
Jul
Ago
Sep
Oct
Nov
Dic
Marte a 30 grados del nodo lunar
meta-chart.com

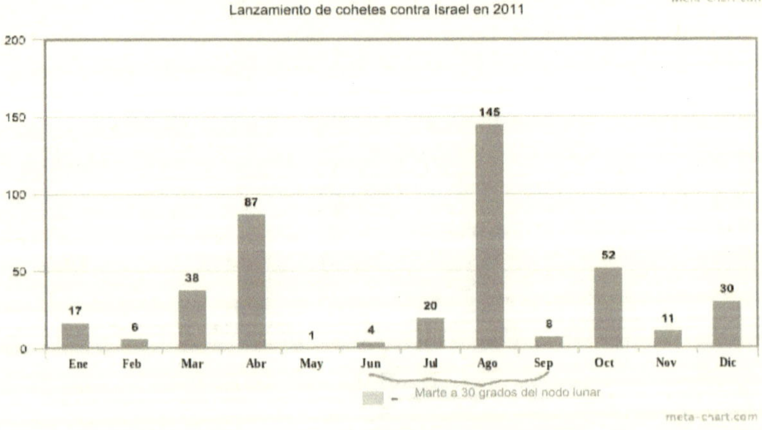
Lanzamiento de cohetes contra Israel en 2011
200
150
100
50
0
17
6
38
87
1
4
20
145
8
52
11
30
Ene
Feb
Mar
Abr
May
Jun
Jul
Ago
Sep
Oct
Nov
Dic
Marte a 30 grados del nodo lunar
meta-chart.com

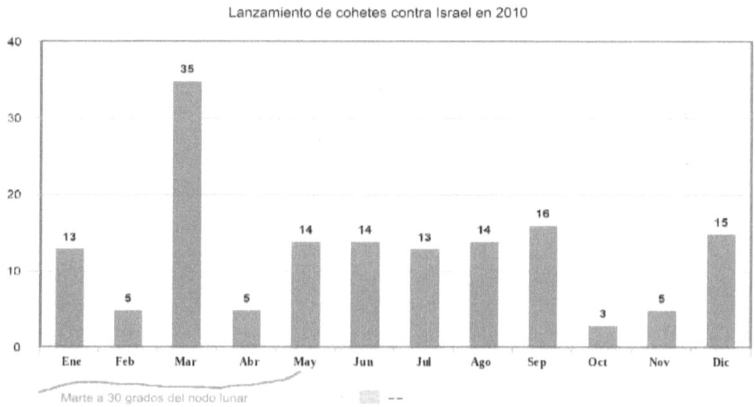
Lanzamiento de cohetes contra Israel en 2010
40
30
20
10
0
13
5
35
5
14
14
13
14
16
3
5
15
Ene
Feb
Mar
Abr
May
Jun
Jul
Ago
Sep
Oct
Nov
Dic
Marte a 30 grados del nodo lunar
meta-chart.com

Lanzamiento de cohetes contra Israel en 2009
400
300
200
100
0
345
52
34
5
1
2
1
1
10
1
4
4
Ene
Feb
Mar
Abr
May
Jun
Jul
Ago
Sep
Oct
Nov
Dic
Marte a 30 grados del nodo lunar

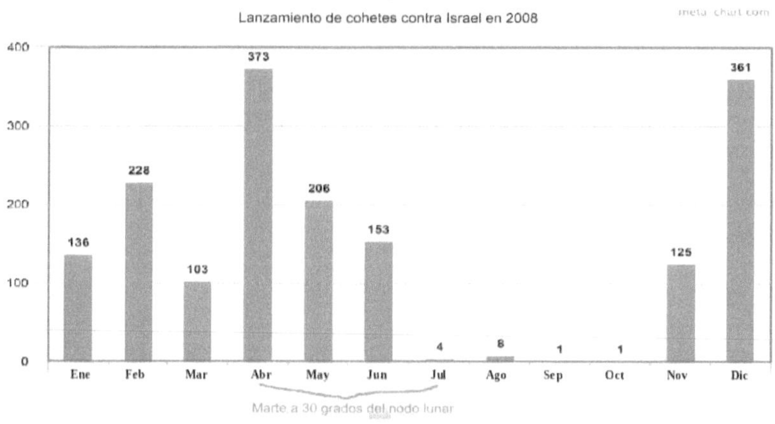
Lanzamiento de cohetes contra Israel en 2008
400
300
200
100
0
136
228
103
373
206
153
4
8
1
1
125
361
Ene
Feb
Mar
Abr
May
Jun
Jul
Ago
Sep
Oct
Nov
Dic
Marte a 30 grados del nodo lunar
meta-chart.com

Lanzamiento de cohetes contra Israel en 2007

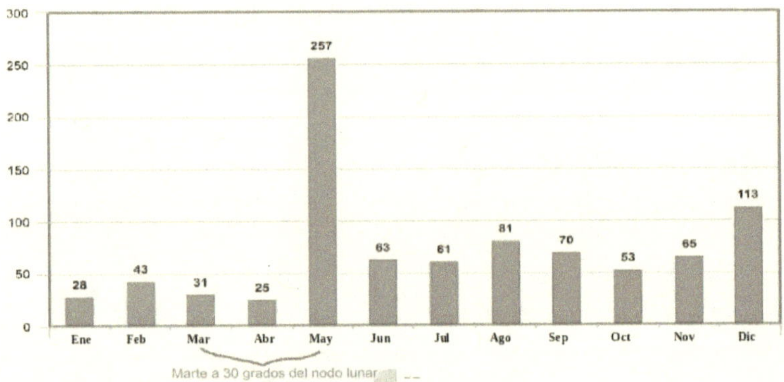

Lanzamiento de cohetes a Israel en 2006

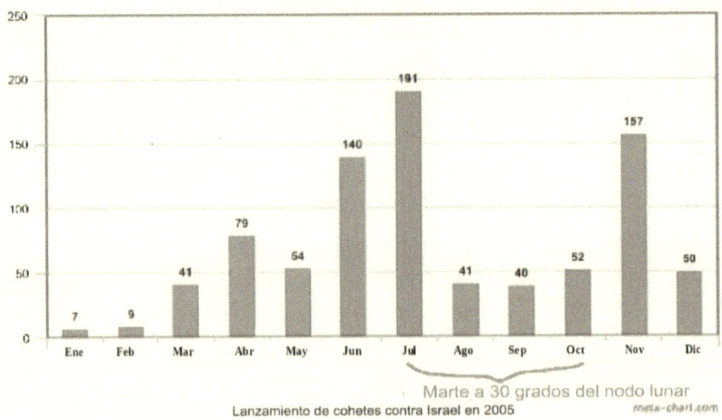

Lanzamiento de cohetes contra Israel en 2005

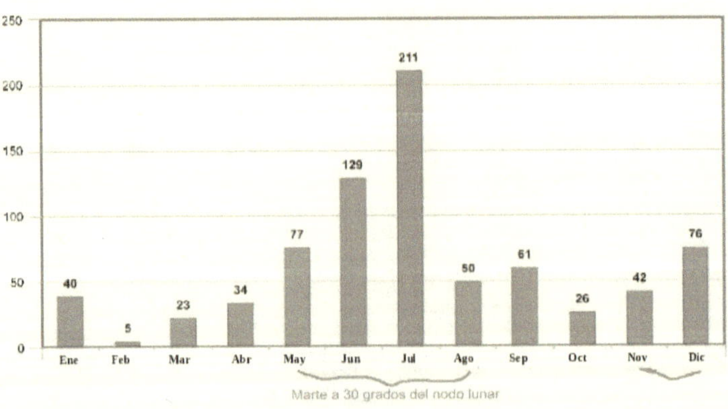

Sección II

Esta sección describe las 25 mayores caídas y caídas del mercado de valores en la historia de Estados Unidos. Los datos muestran una correlación del 100% entre estos eventos y la posición de Marte en relación con la Tierra. Cada caída del mercado de valores y cada caída importante en la historia de Estados Unidos ocurrieron cuando Marte orbitaba detrás del sol, visto desde la Tierra.

Para proporcionar un contexto relevante a lo que muestra este artículo, es importante considerar un estudio reciente publicado en Nature Communications en marzo de 2024, aproximadamente cinco años después de que esta idea se presentara por primera vez al público. En este estudio, publicado en marzo de 2024, los investigadores descubrieron que Marte ejerce una fuerza gravitacional sobre la inclinación de la Tierra, exponiendo a la Tierra a temperaturas más cálidas y más luz solar, todo dentro de un ciclo de 2,4 millones de años. Sostengo que esto nos lleva a creer que incluso en escalas de tiempo más cortas, Marte todavía ejerce una fuerza gravitacional sobre la inclinación del eje de la Tierra suficiente para aumentar las temperaturas cuando el planeta está dentro de los 30 grados del nodo lunar, que es lo que esto significa que influiría en los seres humanos. comportamiento. Citando el hecho de que existen numerosos estudios que relacionan la agresión y la irritabilidad con temperaturas más cálidas, enunciaré un axioma y luego sostengo que Marte dentro de los 30 grados del nodo lunar debería influir en el cerebro al influir en la percepción, reduce y causa agresión e irritabilidad.

He aquí un vistazo a lo que sucede cuando Marte orbita alrededor del Sol, ejerciendo una fuerza gravitacional sobre la inclinación del eje de la Tierra. En este primer gráfico, la gravedad de Marte está alejando a la Tierra del Sol.

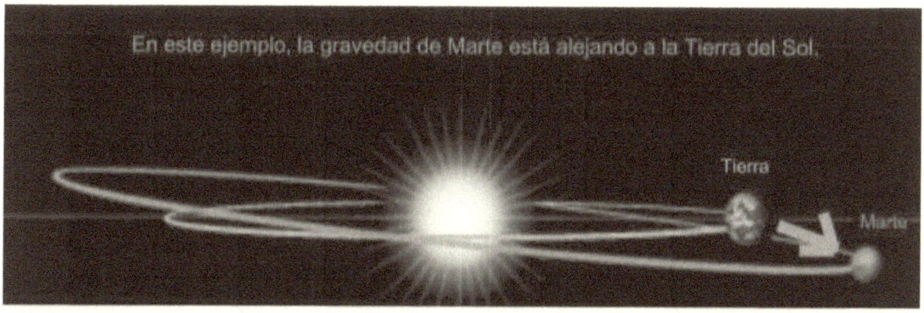

En el siguiente gráfico, la gravedad de Marte atrae a la Tierra hacia el Sol.

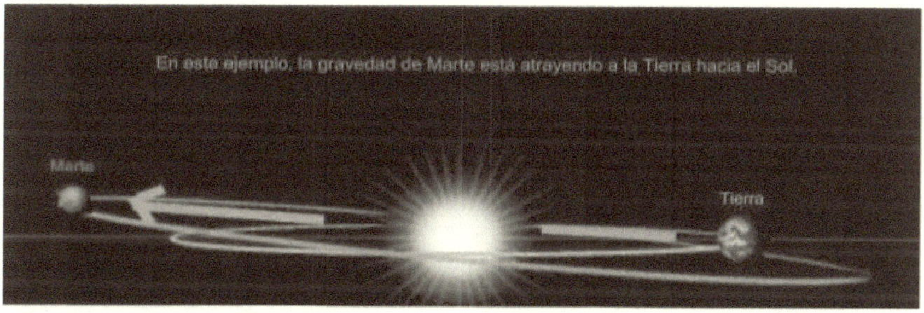

En esta última versión, este escenario debería tener el mayor impacto en el comportamiento humano. Así es como se ve este escenario, en el que Marte atrae la inclinación de la Tierra hacia el Sol, en una carta astrológica. Esta es la carta de la caída del mercado de valores del 28 de octubre de 1929. El planeta Tierra siempre está opuesto al sol en una carta astrológica.

−12.82%

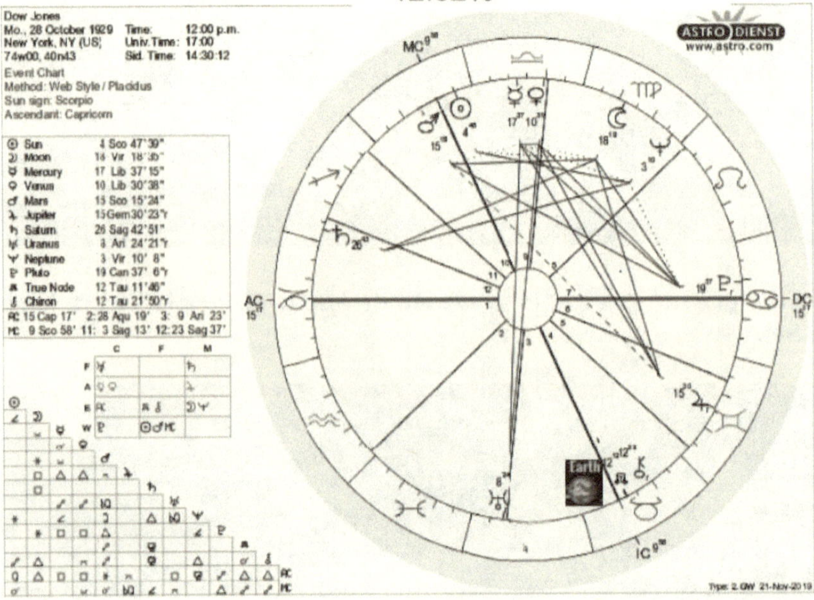

Aquí está la vista superior del mismo escenario de constelación planetaria.

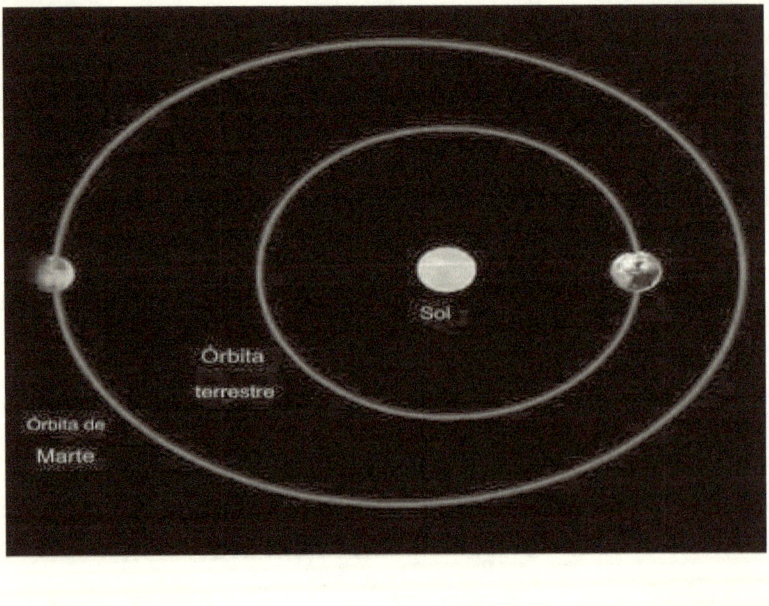

En todas las grandes caídas del mercado de valores y pérdidas de un día, Marte ha estado en algún lugar a lo largo de la línea blanca, como se muestra en este gráfico, lo que, según la investigación, indicaría que Marte está empujando la inclinación de la Tierra hacia el sol, causando irritabilidad.

Así se representa la misma imagen en una carta astrológica. Ver la página siguiente. Tenga en cuenta la línea blanca.

-12.82%

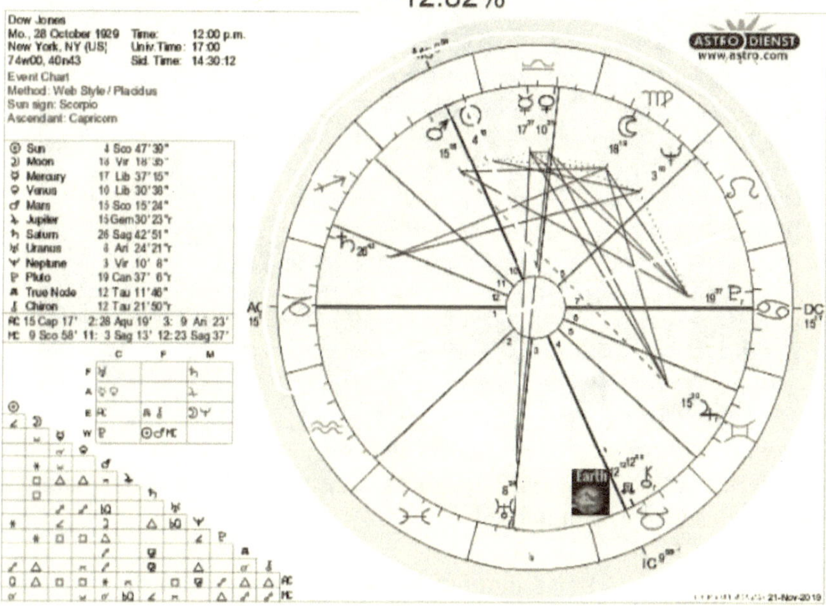

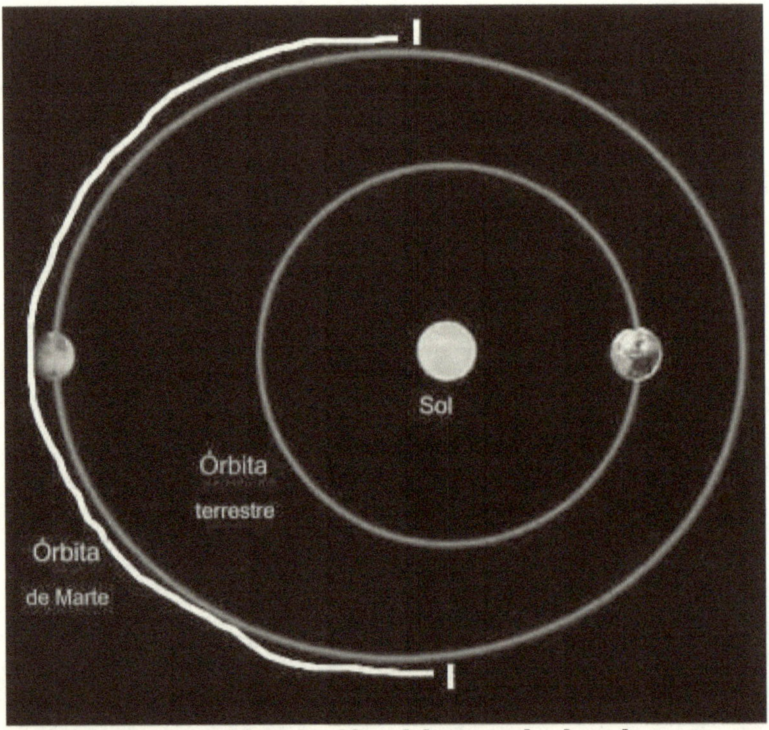

Todas las mayores caídas o caídas del mercado de valores en un día ocurrieron cuando Marte apareció dentro de esta línea blanca trazada desde el grado del Sol.

Esta perspectiva debería ayudar al lector a ir más allá de la noción preconcebida de absurdo y ver que esto tiene valor científico.

Aquí tenéis el resto de caídas bursátiles, junto con las cartas astrológicas y el gráfico de la posición de Marte en el espacio.

19 de octubre de 1987 caída del mercado de valores

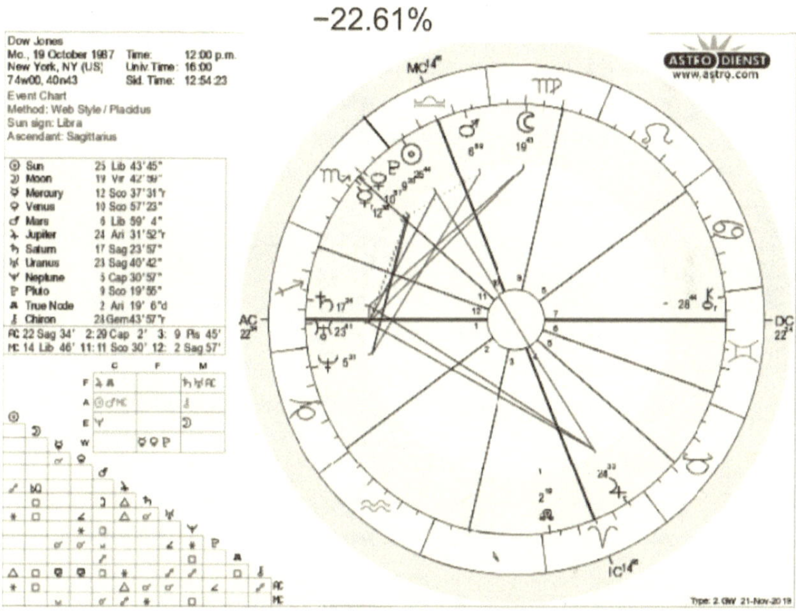

Así estaba Marte en el espacio con relación a la Tierra ese día:

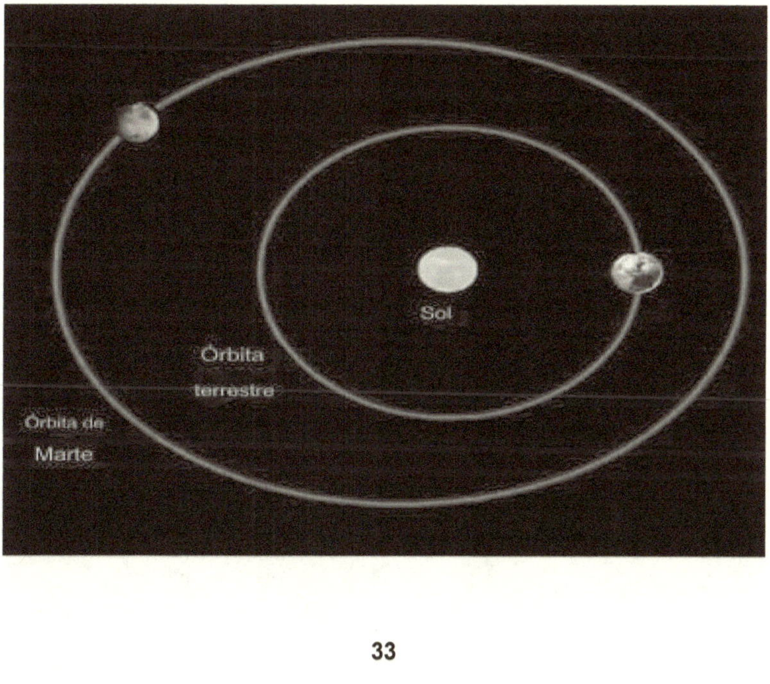

6 de noviembre de 1929 caída del mercado de valores

-9.92%

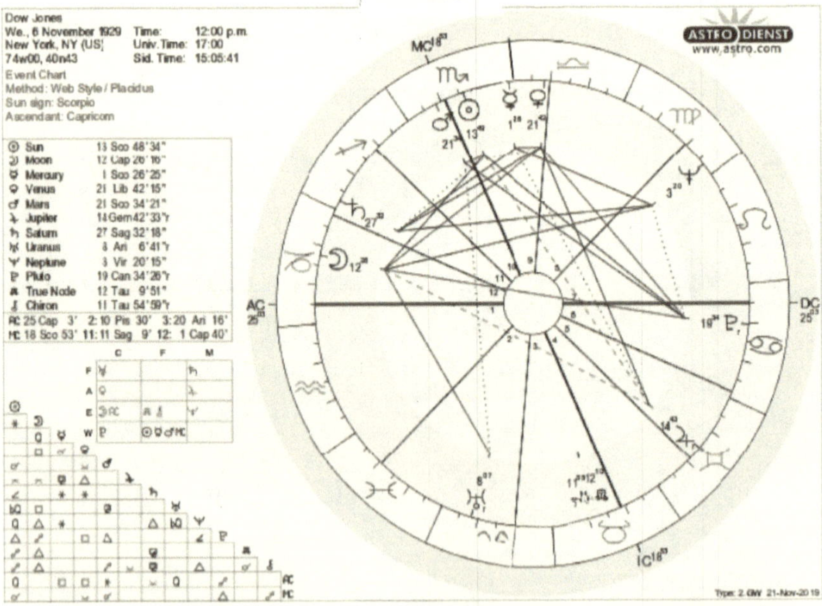

Aquí Marte estaba en el espacio desde la perspectiva de la Tierra.

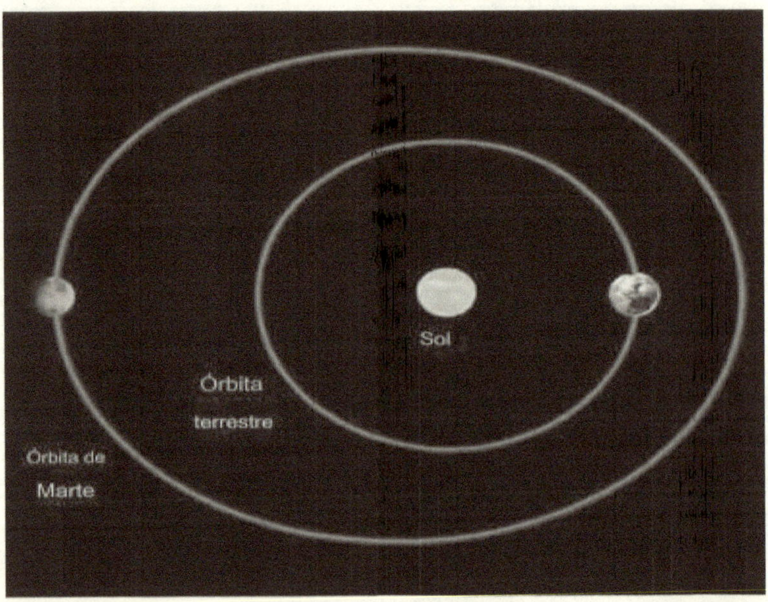

16 de marzo de 2020 Caída del mercado de valores

-12,93

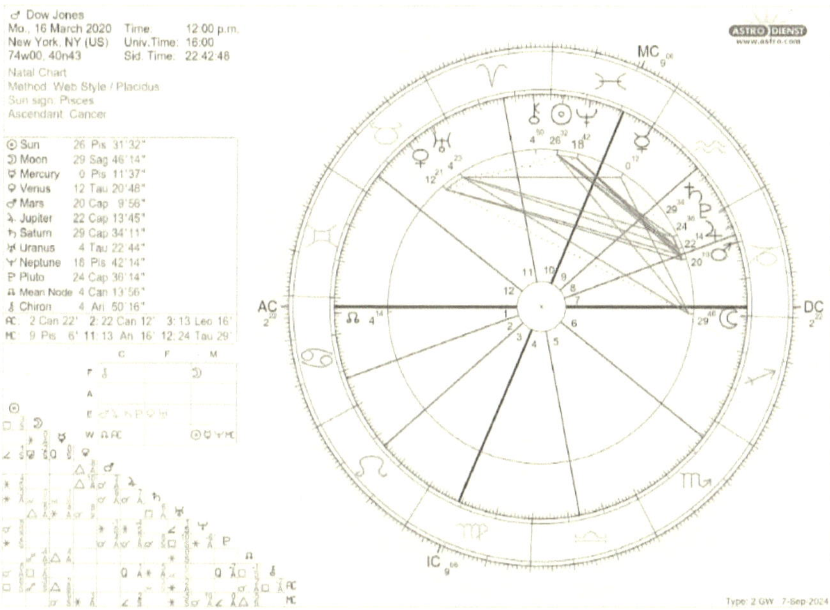

Así se posicionó Marte en el cielo en relación con la Tierra

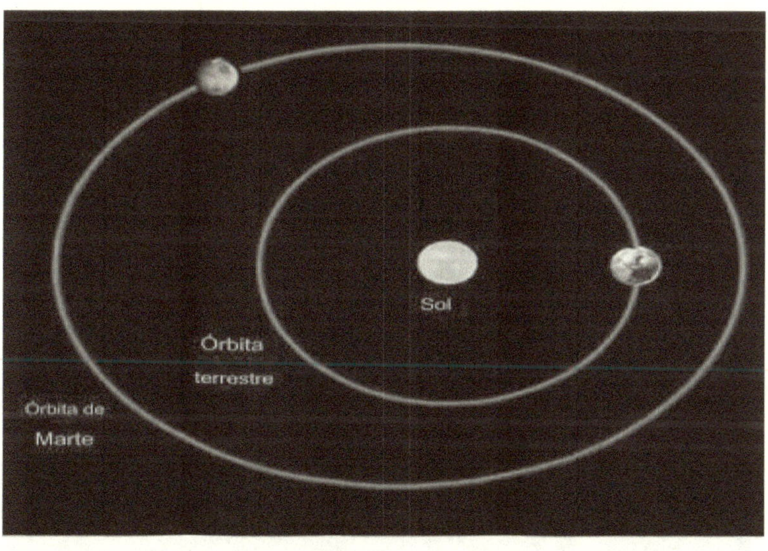

12 de marzo de 2020 Caída del mercado de valores

-9,99

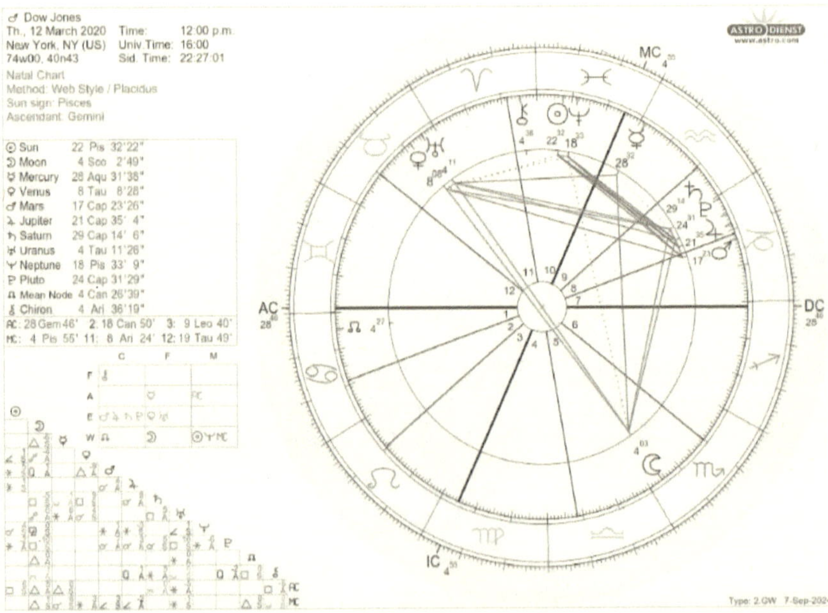

Así estaba Marte en el cielo ese día

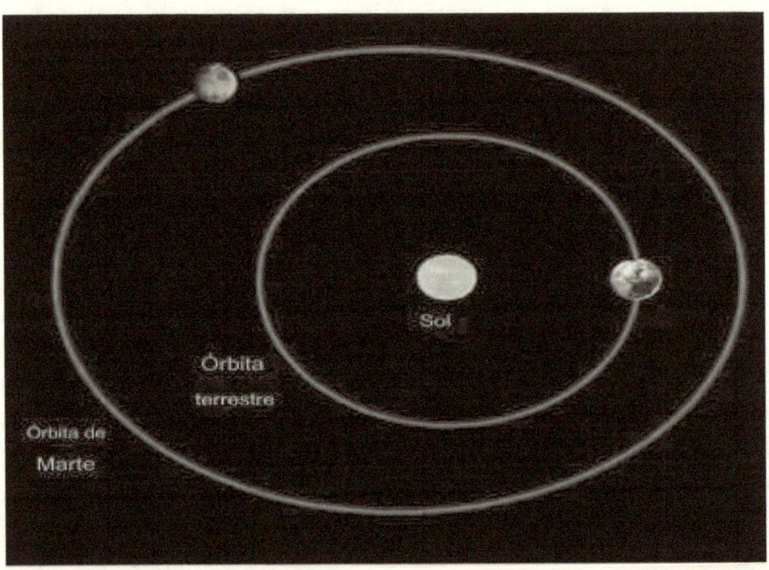

9 de marzo de 2020 Caída del mercado de valores

-7,79

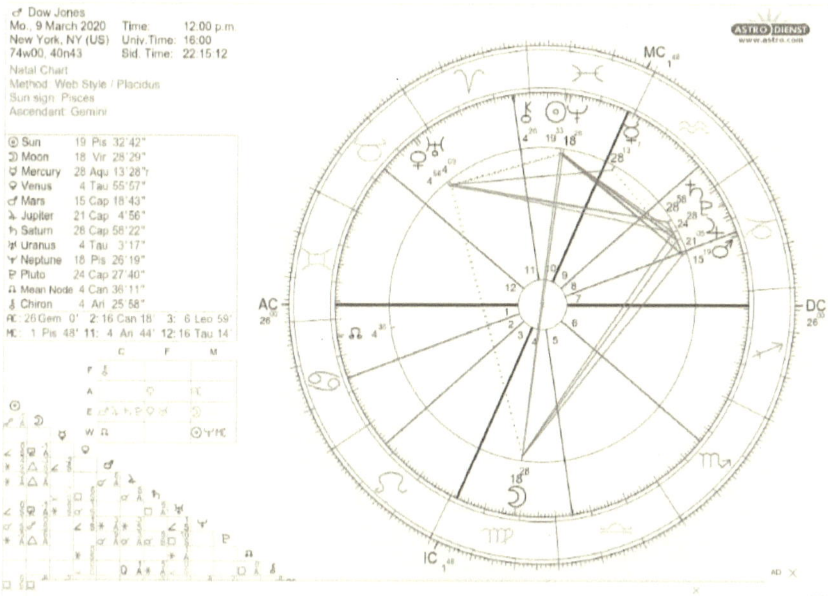

Marte estaba en el cielo aquí ese día.

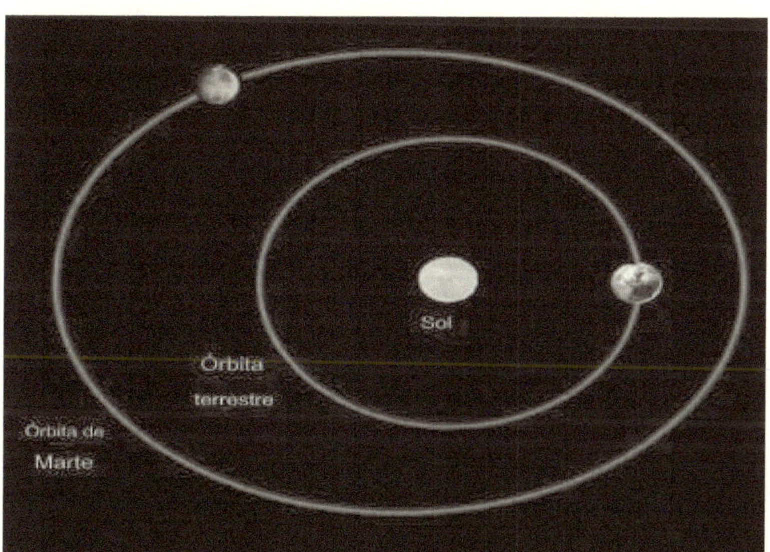

El 18 de diciembre de 1899, la bolsa de valores cayó un -8,72 por ciento.

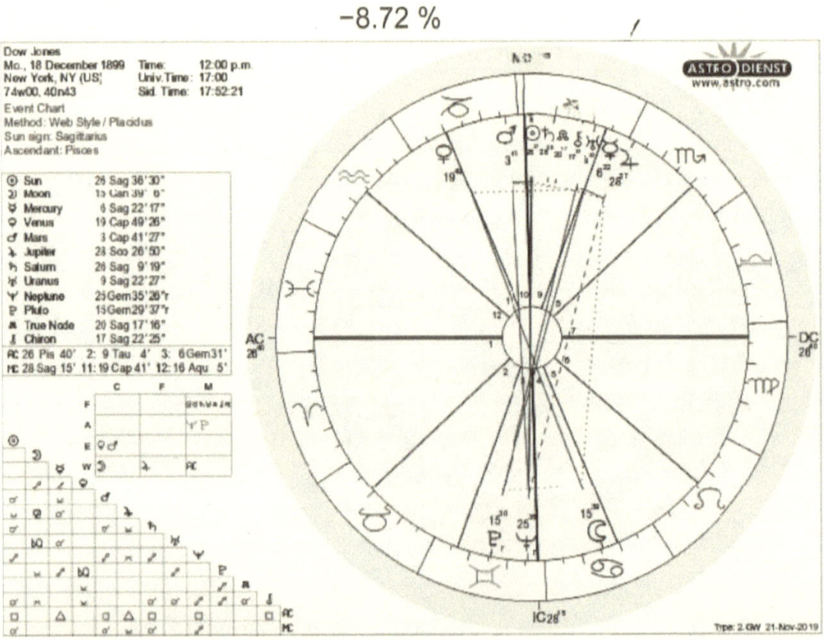

Así estaba Marte en el cielo ese día

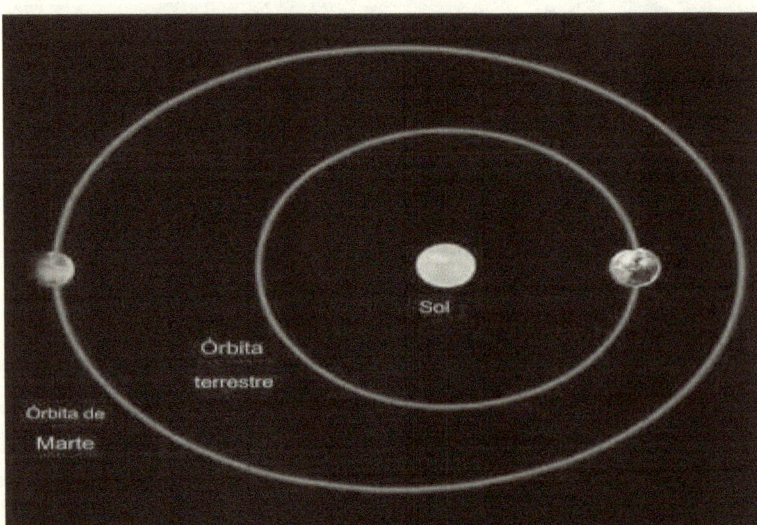

12 de agosto de 1932, la bolsa cayó -8,4%

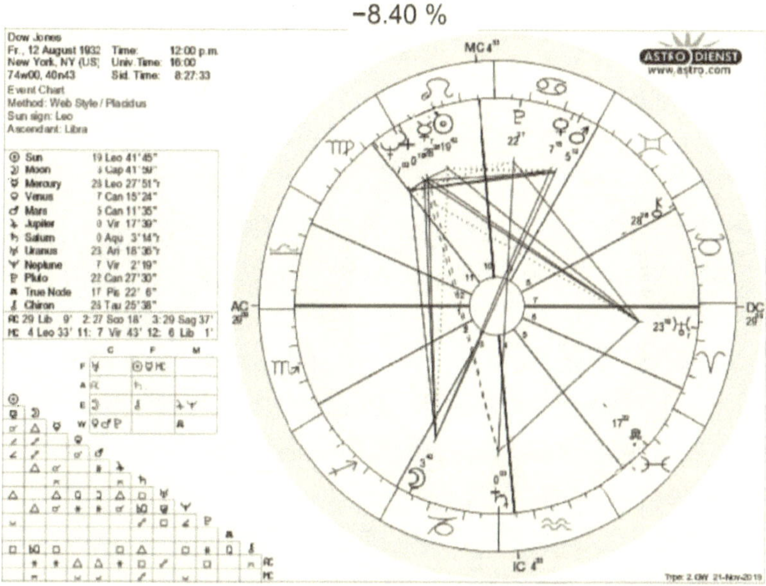

Así estaba Marte en el cielo ese día

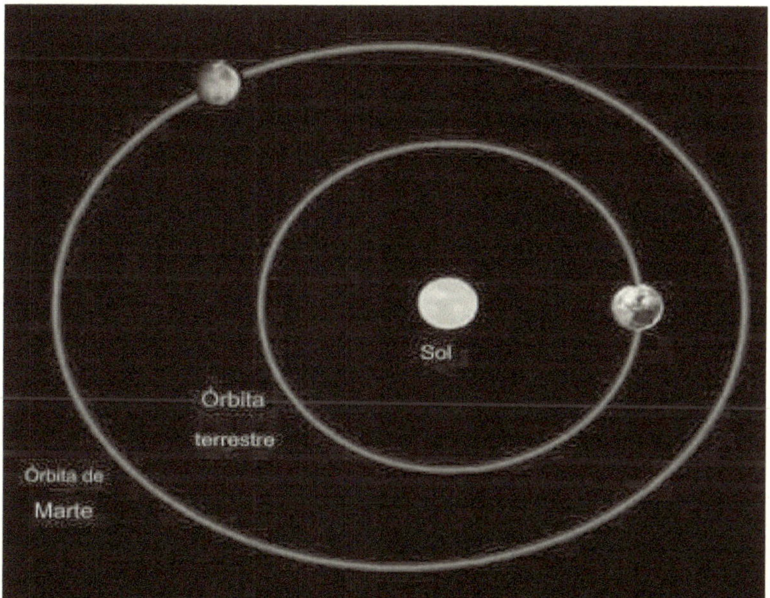

El 14 de marzo de 1907 la bolsa cayó un -8,29%

-8.29%

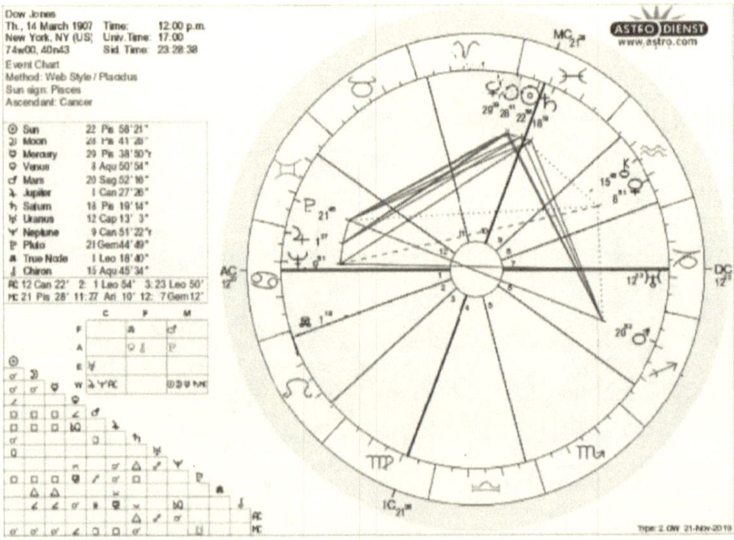

Así estaba Marte en el cielo ese día

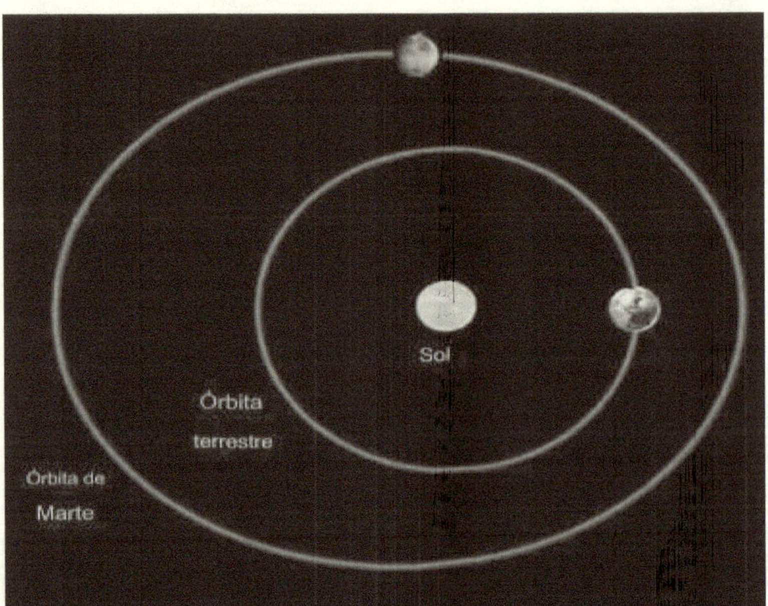

El 26 de octubre de 1987, la bolsa cayó un -8,04%.

-8.04

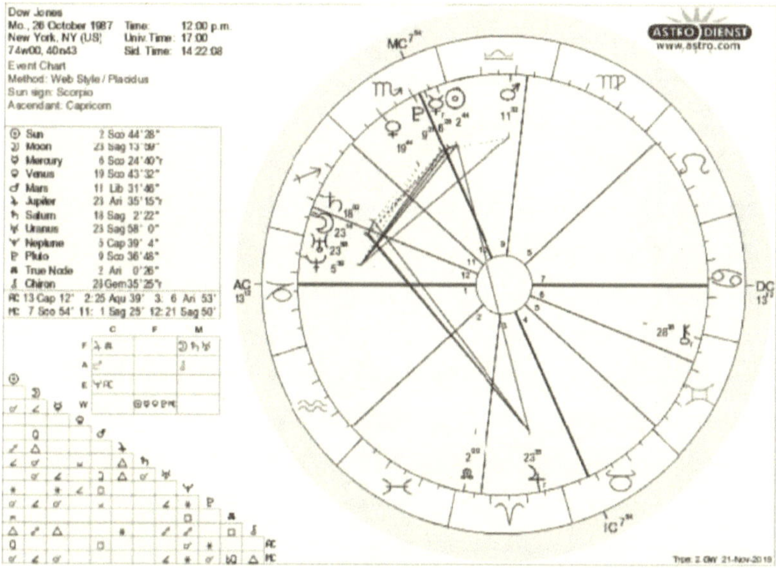

Marte estaba en el cielo aquí ese día.

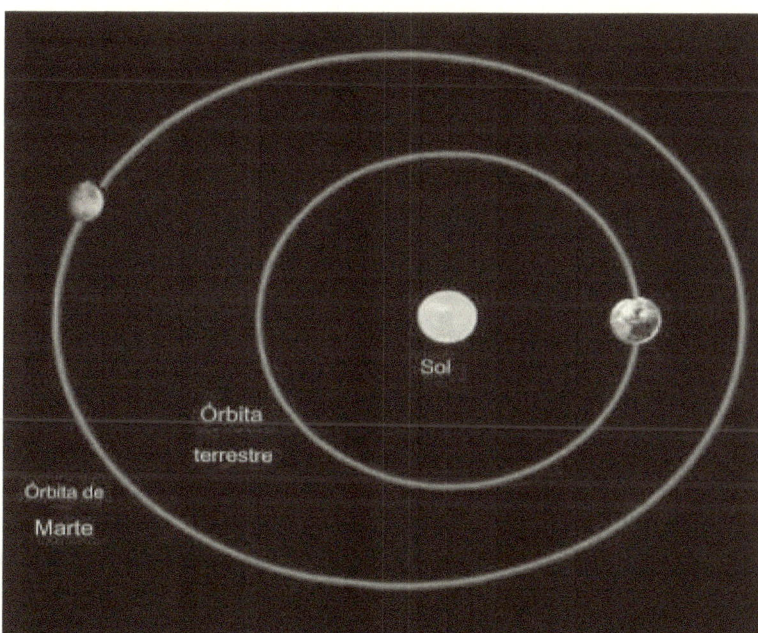

El 15 de octubre de 2008, la bolsa cayó un -7,87%

-7.87%

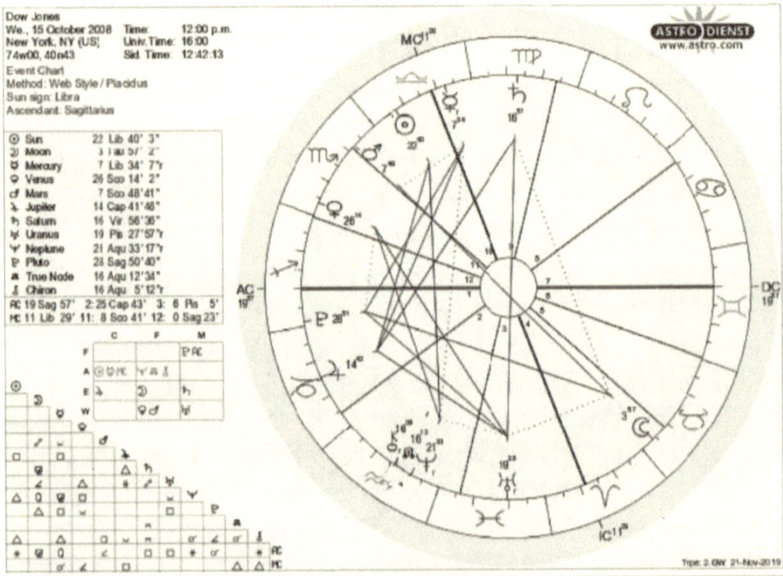

Marte estaba en el cielo aquí ese día.

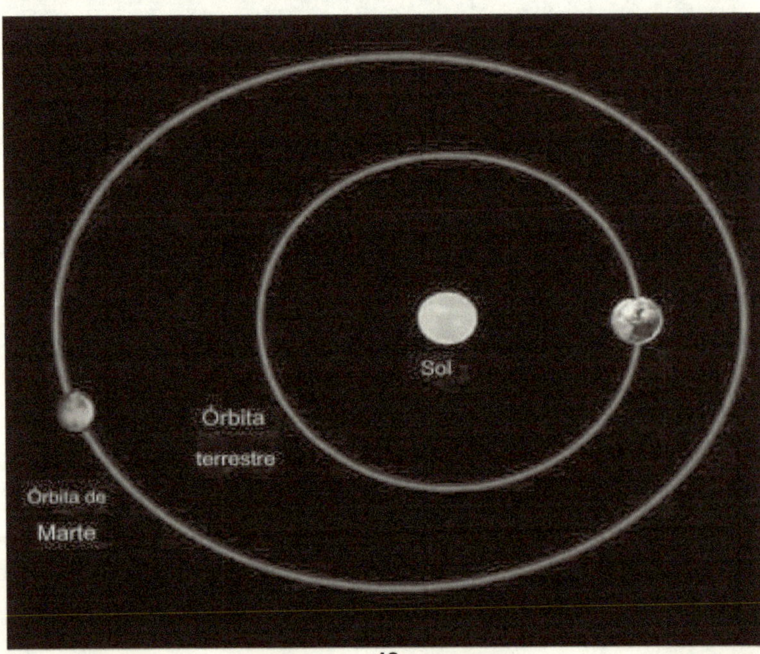

21 de julio de 1933, la bolsa de valores cayó -7,84

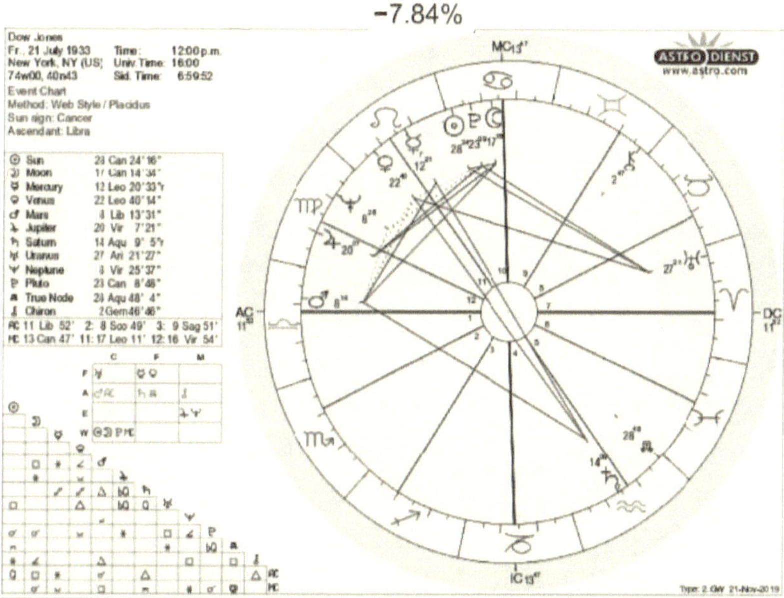

Marte estaba en el cielo aquí ese día.

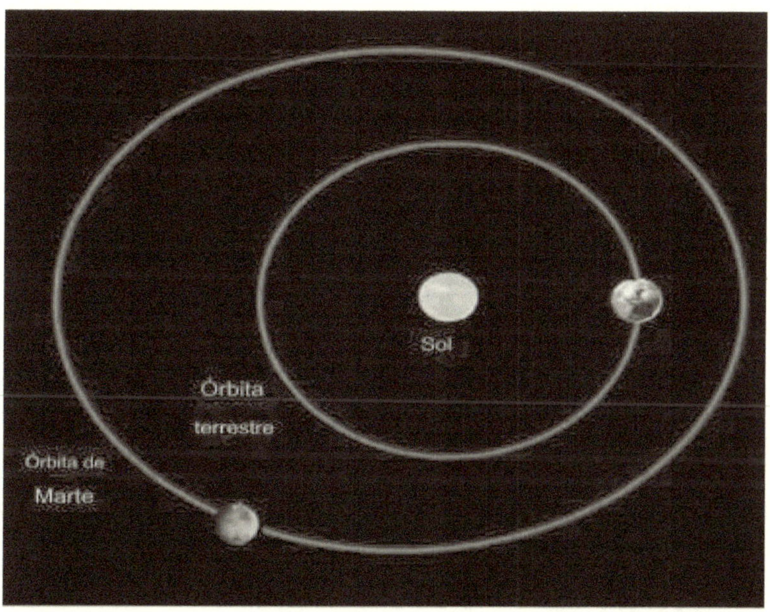

El 18 de octubre de 1937 la bolsa cayó un -7,75%

-7.75%

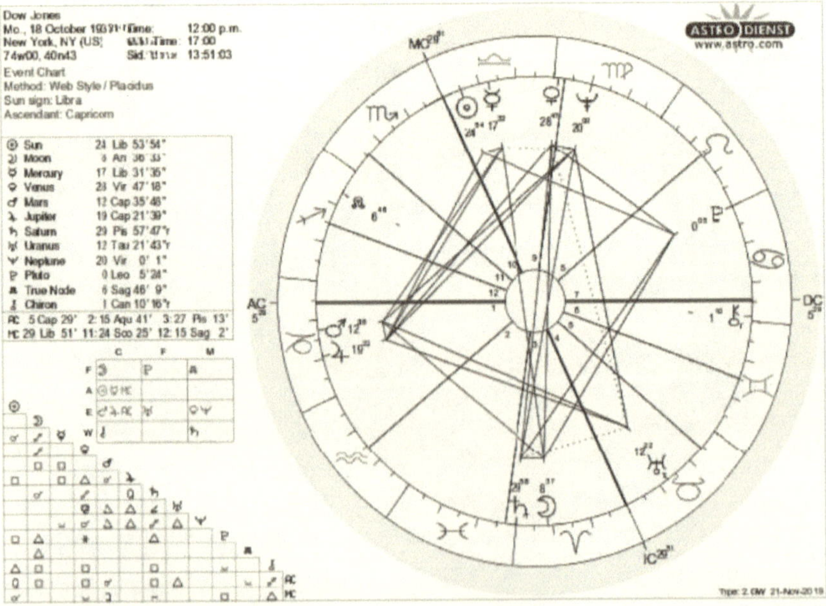

Aquí es donde estaba Marte ese día.

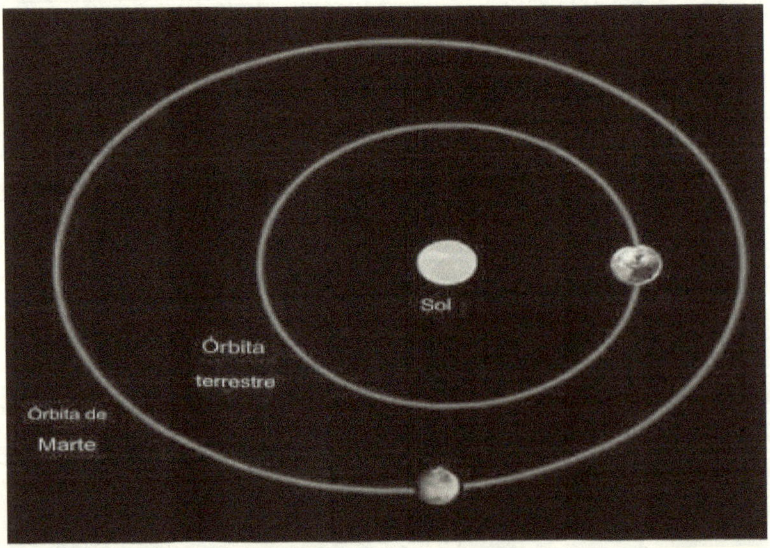

El 1 de diciembre de 2008 la bolsa cayó un -7,70%

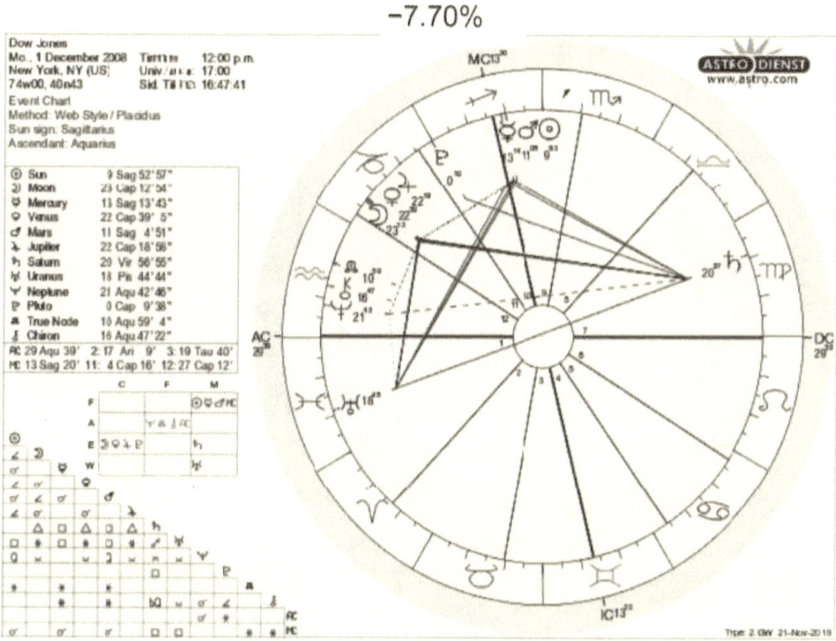

Aquí está la posición de Marte en el cielo ese día.

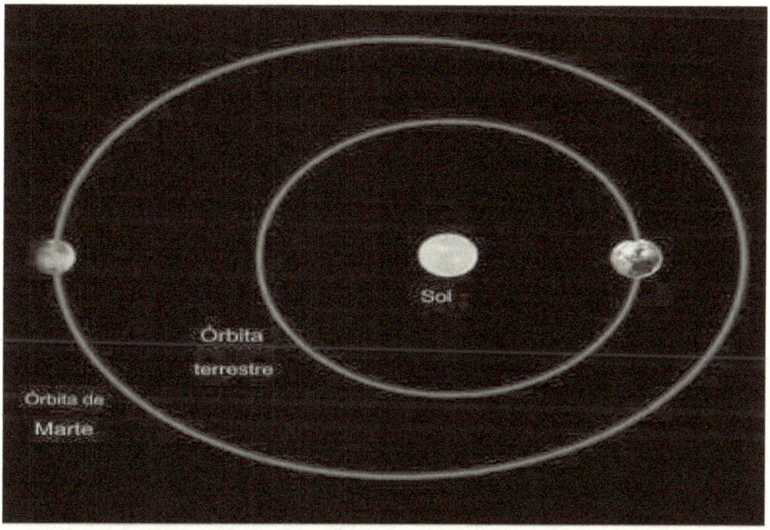

El 9 de octubre de 2008, la bolsa cayó un -7,33%

-7.33 %

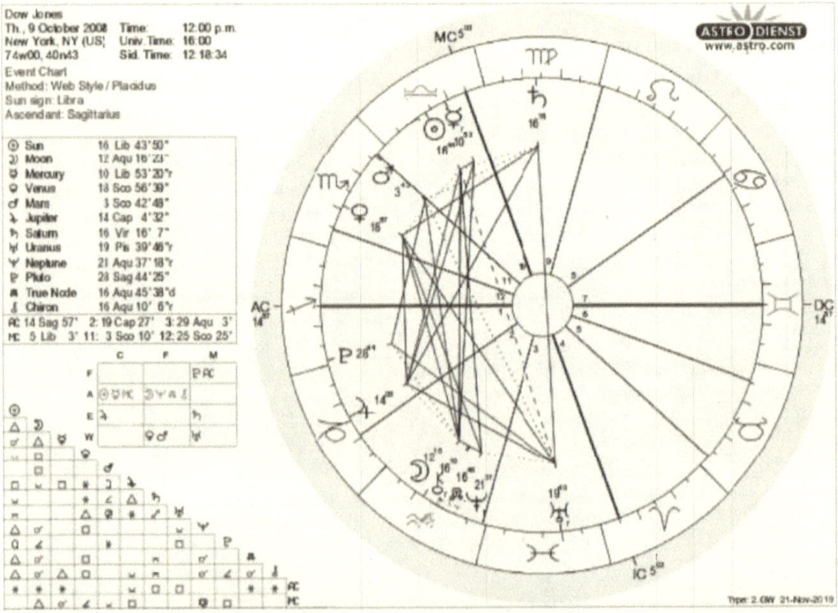

Aquí estaba la posición de Marte en el cielo ese día.

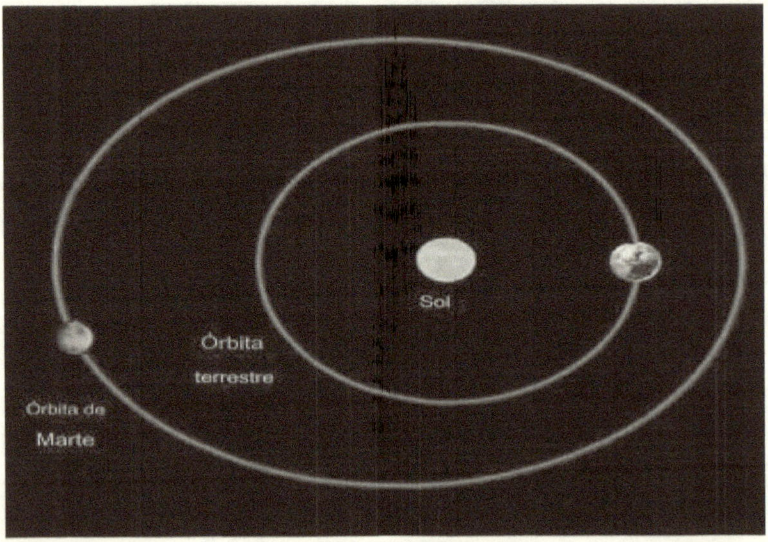

El 1 de febrero de 1917 la bolsa cayó un -7,24%

-7.24%

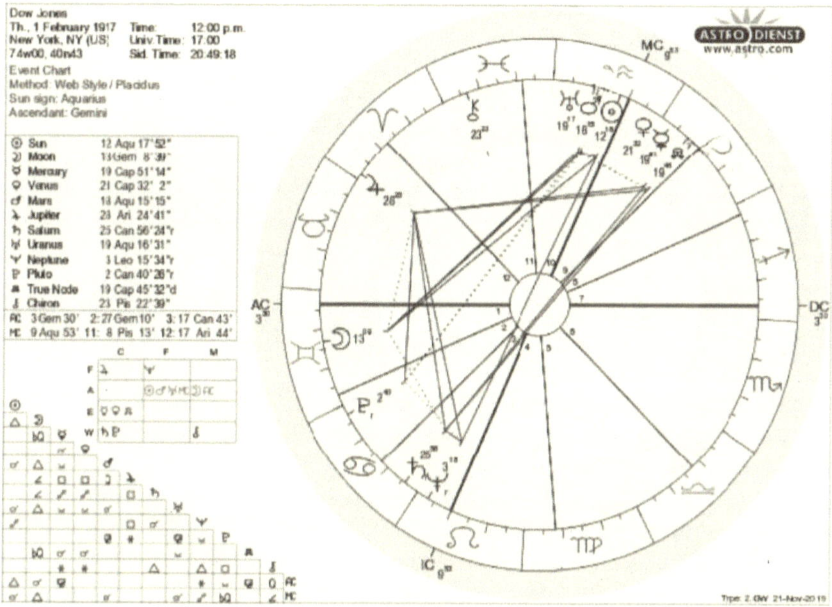

Marte estaba en el cielo aquí ese día.

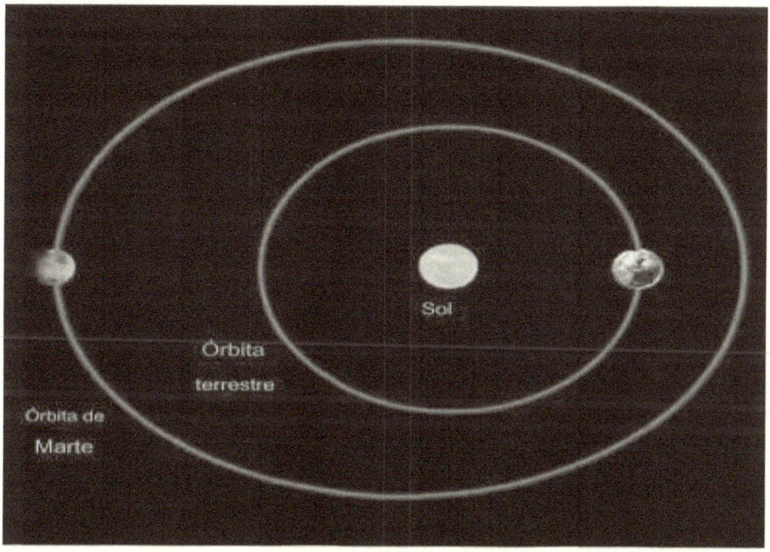

El 27 de octubre de 1997, la bolsa cayó un 7,18%.

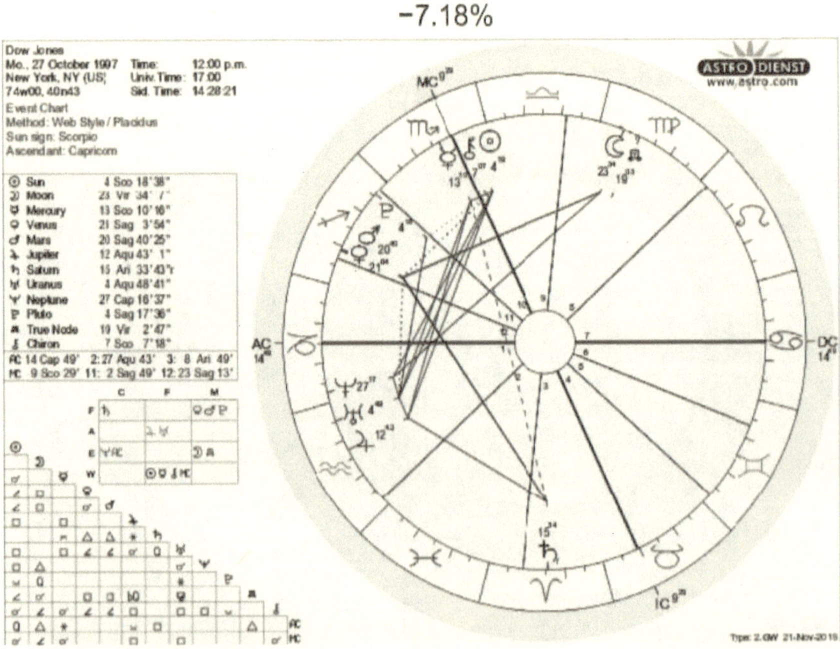

Marte estaba en el cielo aquí ese día.

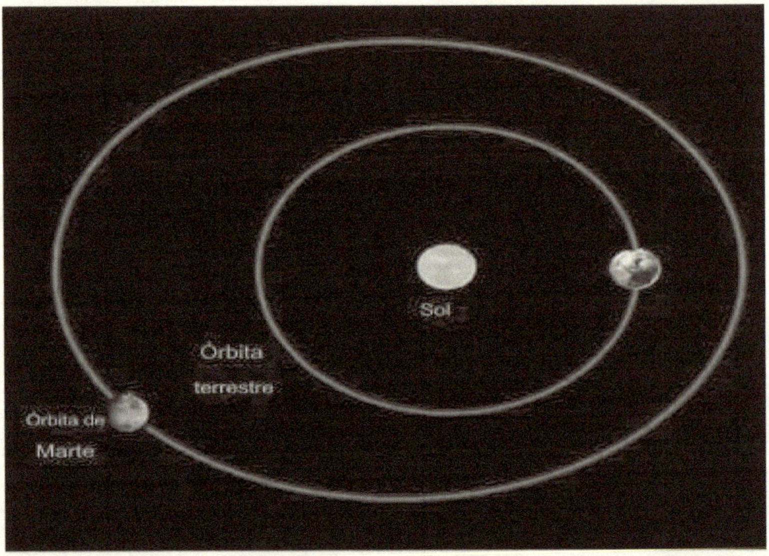

El 5 de octubre de 1932, la bolsa de valores cayó un -7,15 por ciento.

-7.15 %

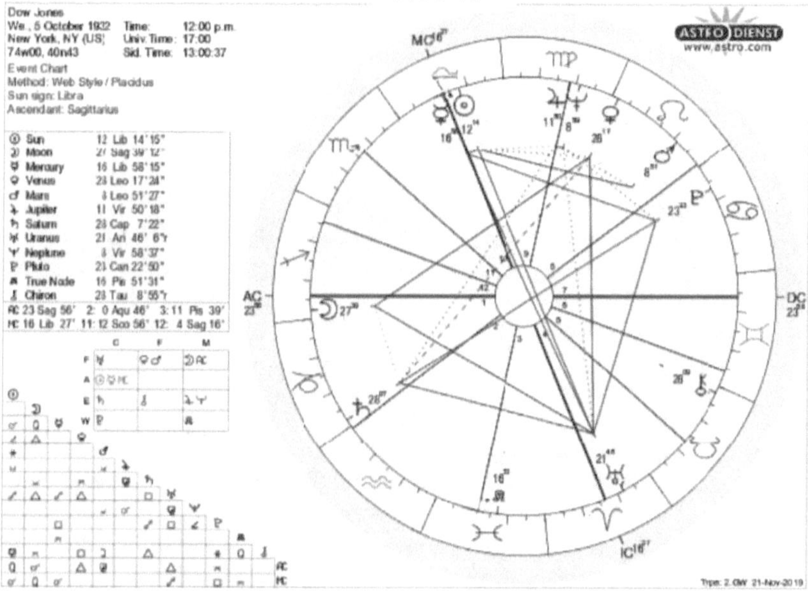

Marte estaba en el cielo aquí ese día.

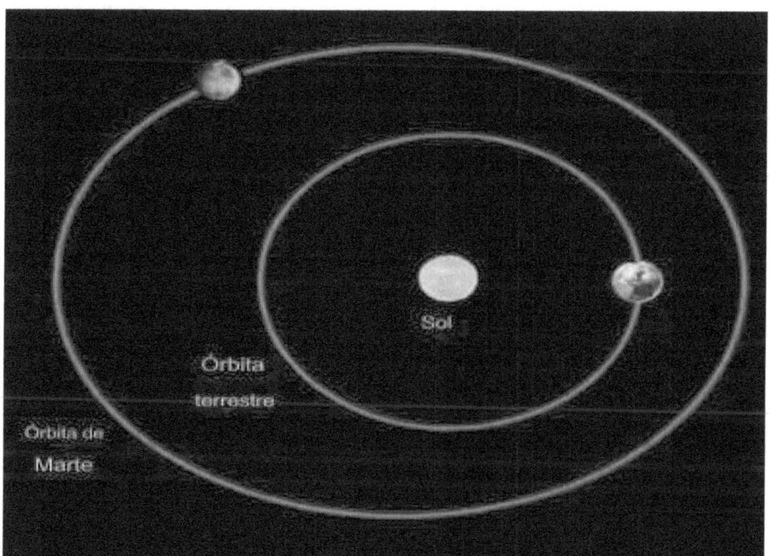

El 17 de septiembre de 2001, la bolsa cayó un -7,13%

-7.13%

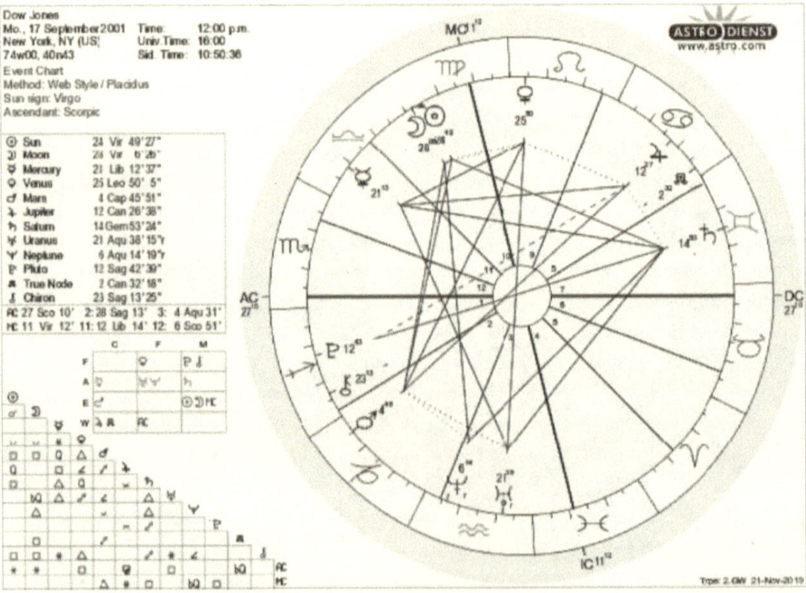

Marte estaba en el cielo aquí ese día.

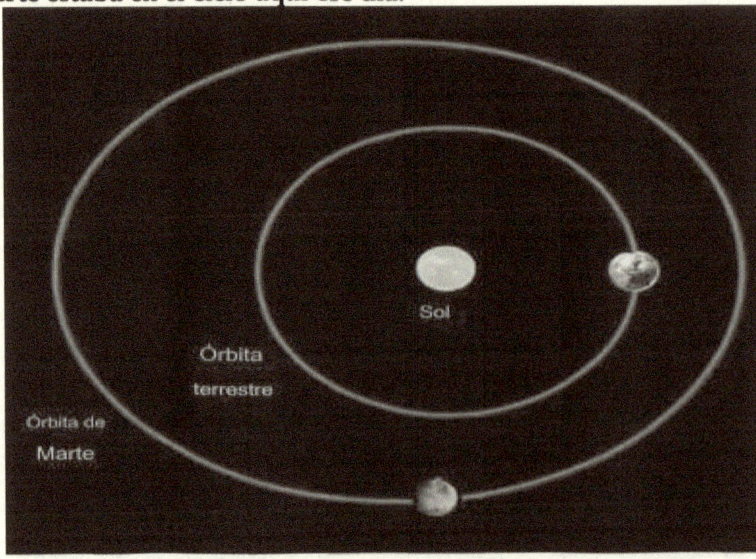

El 24 de septiembre de 1931 la bolsa cayó un -7,07%

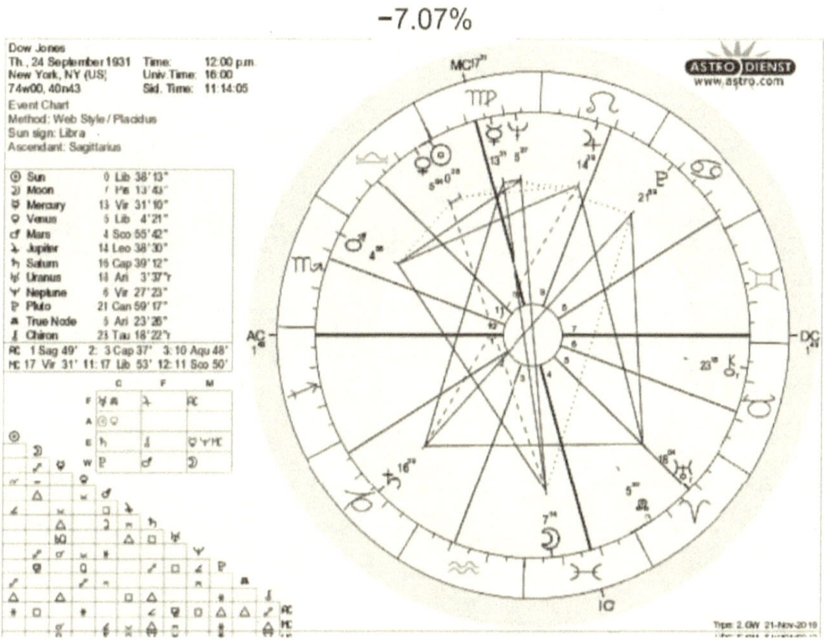

Marte estaba en el cielo aquí ese día.

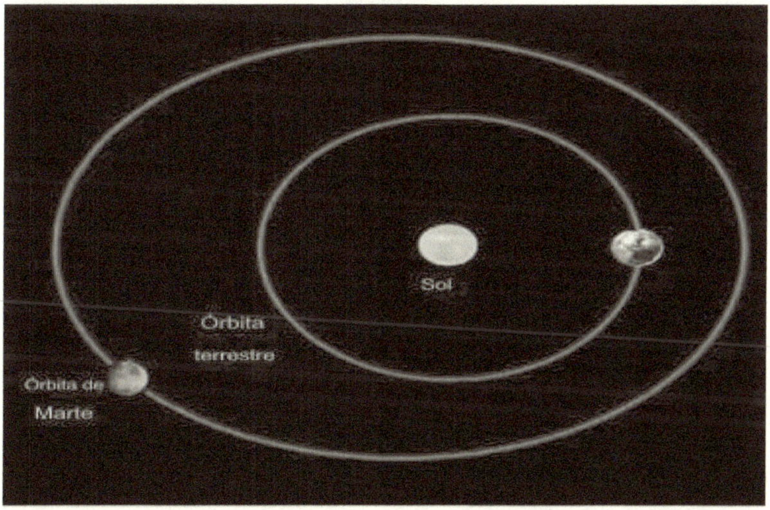

El 20 de julio de 1932 la bolsa cayó un -7,07%

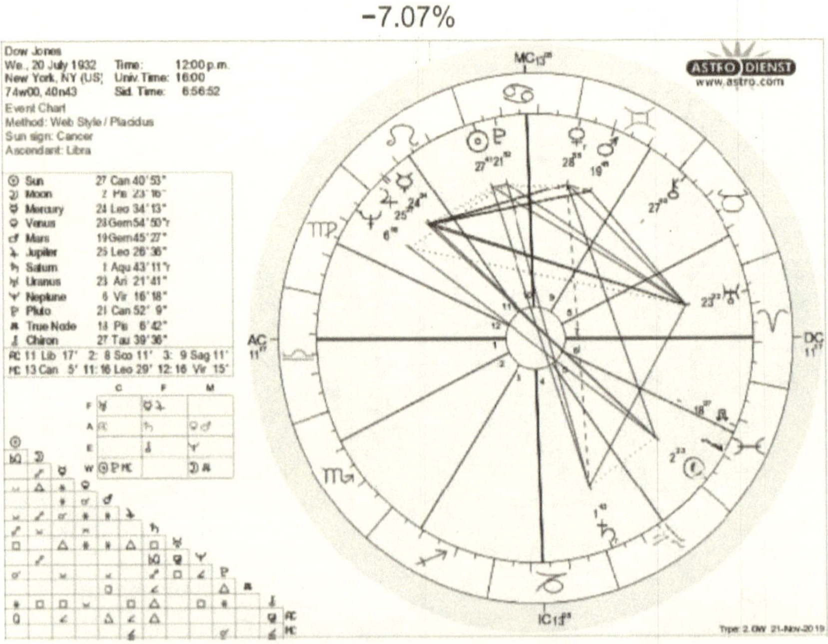

Marte estaba en el cielo aquí ese día.

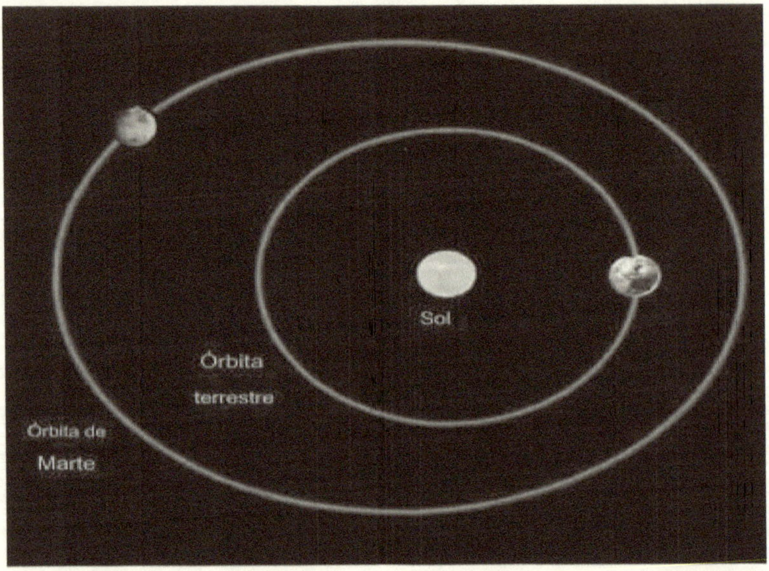

El 30 de julio de 1914 la bolsa cayó un -6,91%

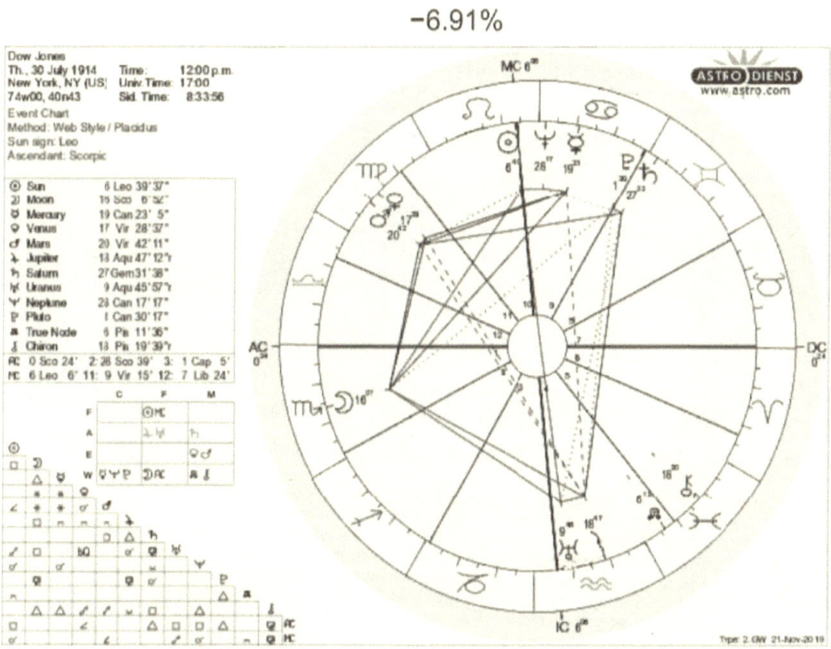

Marte estaba en el cielo aquí ese día.

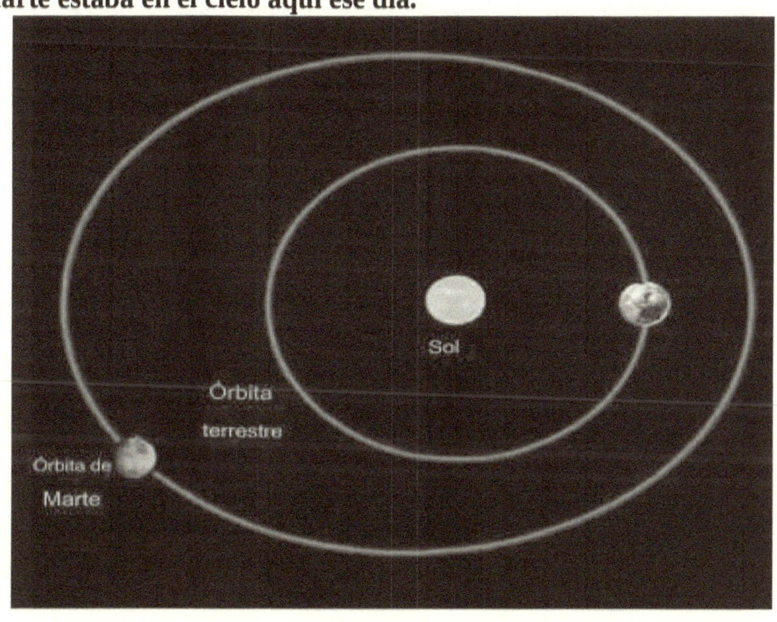

El 29 de septiembre de 2008, la bolsa de valores cayó un 6,98%.

-6,98%

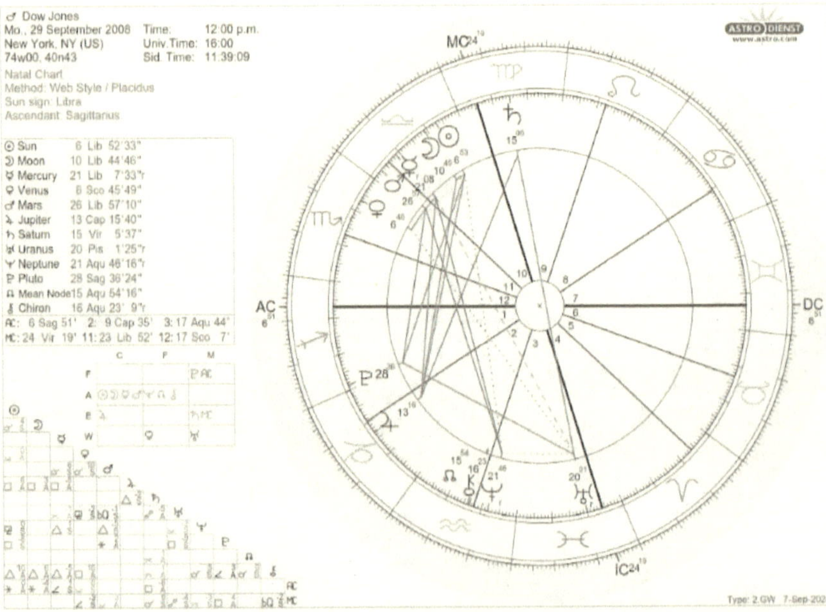

Marte estaba en el cielo aquí ese día.

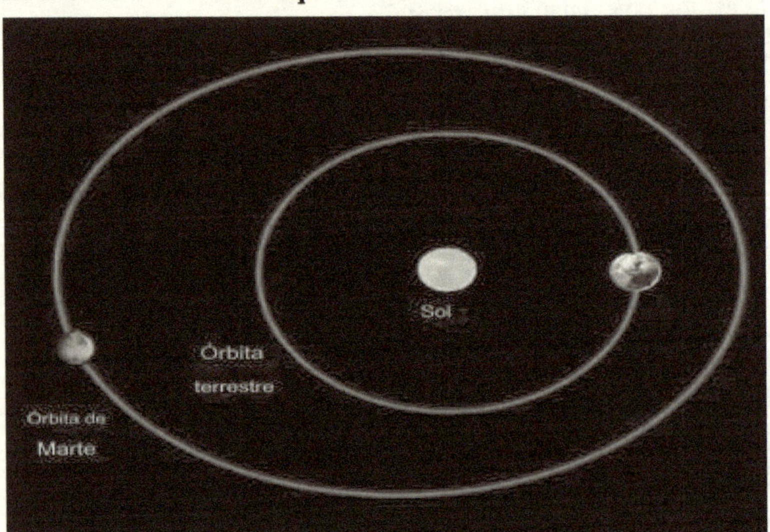

El 8 de agosto de 2011, la bolsa cayó un -5,15%

-5,15%

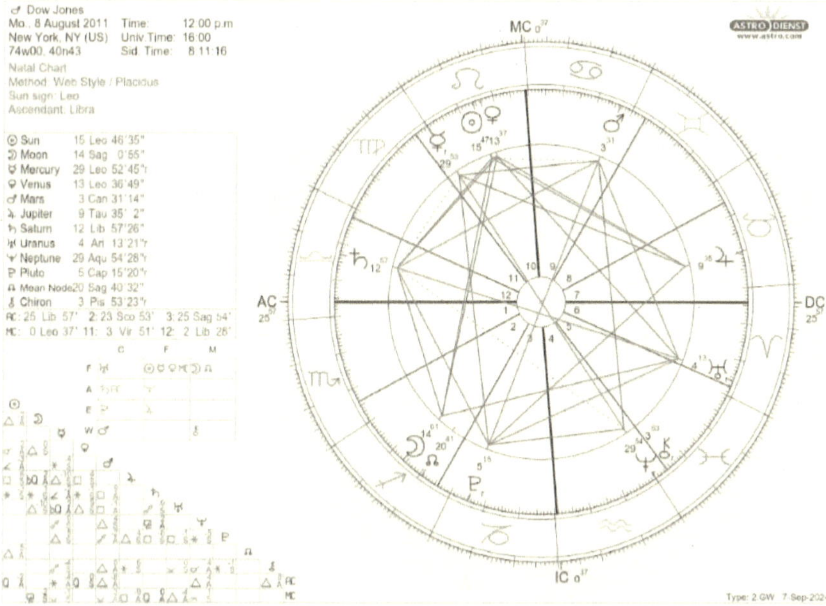

Marte estaba en el cielo aquí ese día.

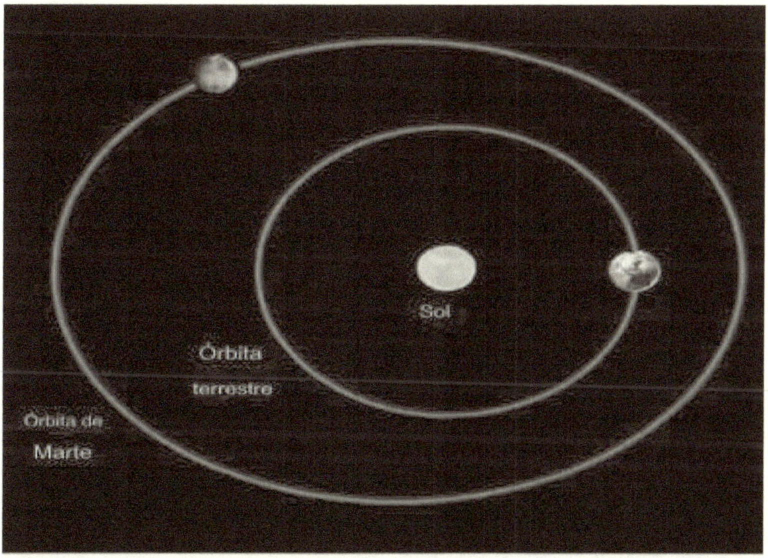

El 14 de abril de 2000 la bolsa cayó un -5,66%

-5,66%

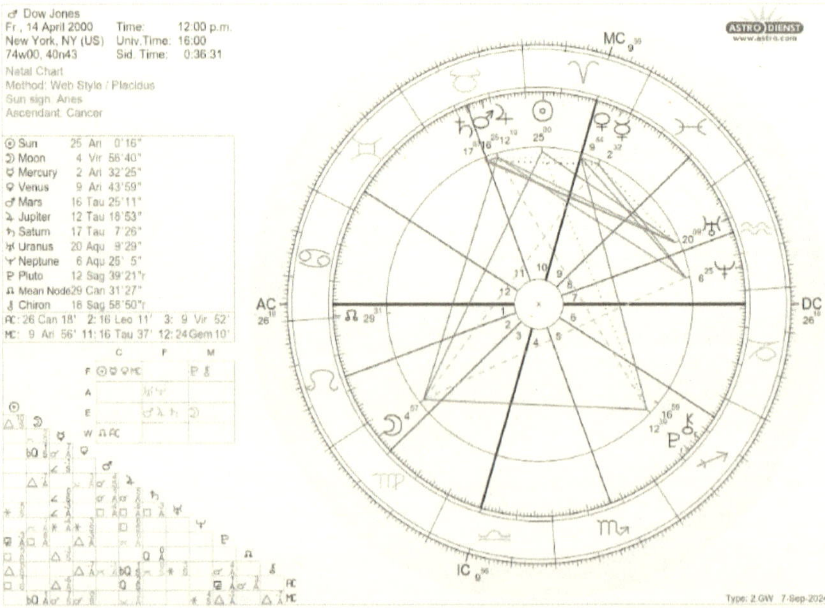

Marte estaba en el cielo aquí ese día.

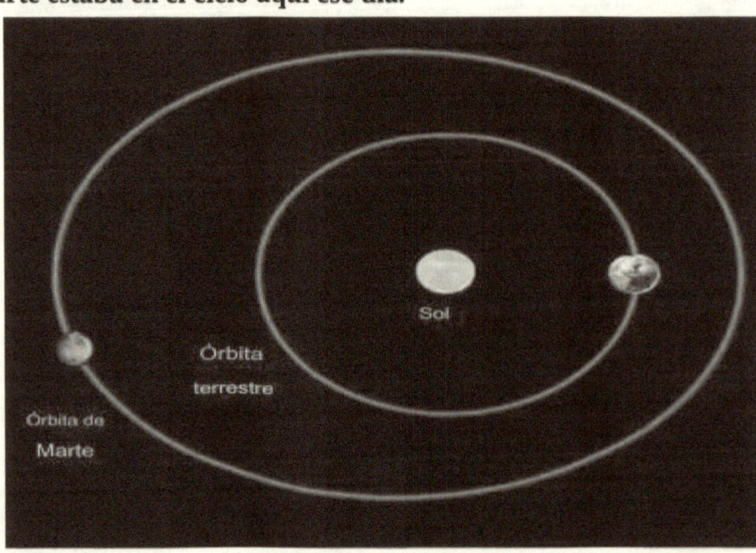

Durante todos los días de grandes caídas y caídas bursátiles en la historia del Dow Jones, Marte siempre ha estado en la fase orbital marcada por la línea blanca desde la perspectiva de la Tierra.

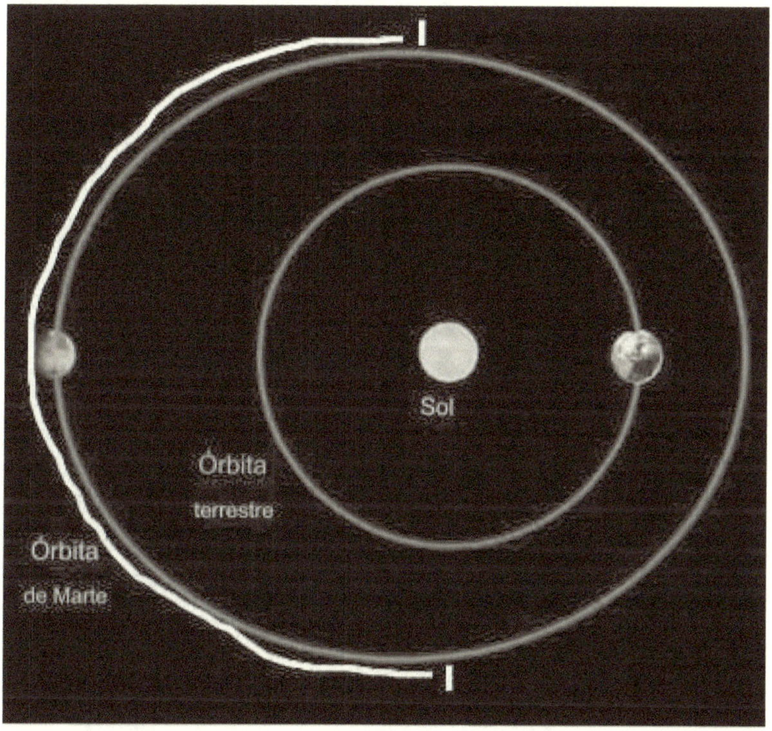

Estos datos muestran que si Marte orbita en el área no marcada por la línea blanca, nunca se producirá una caída importante del mercado de valores. Podemos decir eso con 100 por ciento de certeza.

El área blanca es la fase de la órbita en la que Marte se aleja de la Tierra, pero también cuando su gravedad inclina el eje de la Tierra hacia el Sol, lo que podría provocar temperaturas más altas, lo que debería tener el impacto más negativo en el sentimiento de los inversores, suponiendo que las temperaturas más altas Las temperaturas respecto a la media afectan la función cognitiva y desencadenan un tipo de irritabilidad o pesimismo. Hay estudios que confirman esta dinámica entre temperaturas más altas y estados de ánimo negativos.

Fuera del área blanca, a medida que Marte se acerca a la Tierra, su gravedad aleja el eje de la Tierra del Sol, lo que probablemente provoca temperaturas más frías y menos efectos negativos en el estado de ánimo, lo que puede explicar por qué nunca hay eventos importantes en esta etapa de la órbita de Marte. Se avecinan choques.

Cambios porcentuales en el Dow Jones entre 1896 y 2023, correlacionados con la fase orbital de Marte.

Por Antonio de Boston

Lea este documento para conocer el contexto antes de analizar los siguientes datos.

https://www.academia.edu/123648970

A continuación se muestran los períodos durante los cuales Marte desapareció detrás del Sol desde la perspectiva de la Tierra, así como el desempeño del Dow Jones durante este tiempo. Las 25 caídas importantes del mercado de valores ocurrieron cuando Marte estaba en algún lugar a lo largo de la línea blanca. Esto se indica entre paréntesis en los datos. La teoría es que durante esta fase orbital de Marte, su gravedad empuja el eje de la Tierra hacia el sol, aumentando el calentamiento e impactando negativamente en el sentimiento de los inversores.

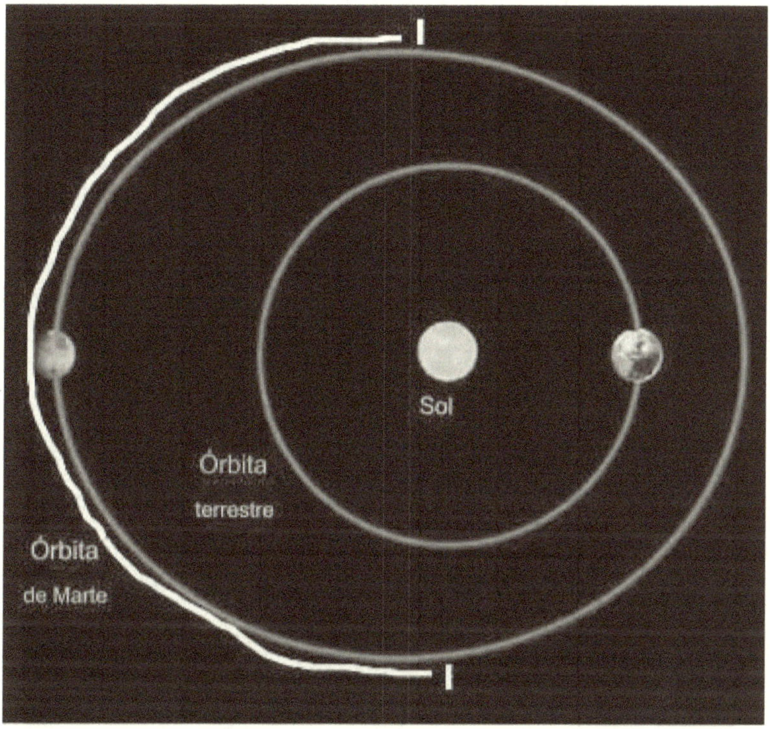

Desde el 15 de julio de 1896 hasta el 1 de septiembre de 1896, Marte estuvo detrás del Sol. El Dow Jones cayó un -3,46%
15 de febrero de 1897 – 18 de octubre de 1898, Marte estaba detrás del Sol. El Dow Jones subió un +29%
24 de marzo de 1899 – 15 de noviembre de 1900, Marte estaba detrás del Sol. El Dow Jones cayó un -3,14%
(18 de diciembre de 1899, la bolsa de valores cayó -8,72%)
2 de mayo de 1901 – 27 de diciembre de 1902, Marte estaba detrás del Sol. El Dow cayó un -14,93%
9 de junio de 1903 - 26 de enero de 1905, Marte estaba detrás del Sol, el Dow Jones subió un +23%
1 de agosto de 1905 – 14 de marzo de 1907, Marte estaba detrás del Sol, el Dow Jones cayó -4,84%
(14 de marzo de 1907, la bolsa de valores cayó -8,29%)
14 de octubre de 1907 – 13 de mayo de 1909 – Marte detrás del sol, Dow subió +40%
18 de diciembre de 1909 – 8 de agosto de 1911 – Marte detrás del sol, el Dow cayó -15,63%
27 de enero de 1912 – 4 de octubre de 1913 – Marte detrás del sol, el Dow cayó -0,30%
11 de marzo de 1914 – 9 de noviembre de 1915 – Marte detrás del sol, el Dow subió +17,29%
(30 de julio de 1914, la bolsa de valores cayó -6,91%)

18 de abril de 1916 – 12 de diciembre de 1917 – Marte detrás del sol, el Dow cayó -26,10%
(El 1 de febrero de 1917 la bolsa cayó -7,24%)
22 de mayo de 1918 – 14 de enero de 1920: Marte detrás del sol, el Dow subió +23,54%
7 de julio de 1920 – 19 de febrero de 1922 – Marte detrás del sol, el Dow cayó un 7,60%
15 de septiembre de 1922 – 12 de abril de 1924 – Marte detrás del sol, el Dow cayó -8,78%
23 de noviembre de 1924 – 10 de julio de 1926 – Marte detrás del sol, el Dow subió +36%
16 de enero de 1927 – 15 de septiembre de 1928 – Marte detrás del sol, el Dow subió un 45%
1 de marzo de 1929 – 27 de octubre de 1930: Marte detrás del sol, el Dow cayó -38%
(Caída del mercado de valores el 29 de octubre de 1929)
(Caída del mercado de valores del 6 de noviembre de 1929)
28 de marzo de 1931 – 30 de noviembre de 1932 – Marte detrás del sol, el Dow cayó -92,36%
(12 de agosto de 1932, la bolsa cayó -8,4%)
(24 de septiembre de 1931, la bolsa de valores cayó -7,07%)
(5 de octubre de 1932, la bolsa de valores cayó -7,15%)
(20 de julio de 1932, la bolsa de valores cayó -7,07%)
3 de mayo de 1933 – 1 de enero de 1935, Marte detrás del sol, Dow subió +37%
(21 de julio de 1933, la bolsa de valores cayó -7,84%)
16 de junio de 1935 – 3 de febrero de 1937, Marte detrás del sol, Dow subió +47,67%
10 de agosto de 1937 – 22 de marzo de 1939, Marte detrás del sol, el Dow cayó -21,97%
(18 de octubre de 1937, la bolsa cayó -7,75%)
25 de octubre de 1939 – 2 de junio de 1941 – Marte detrás del sol, el Dow cayó -25,90%
31 de diciembre de 1942 – 28 de agosto de 1943 – Marte detrás del sol, el Dow subió +21,05%
13 de febrero de 1944 – 12 de octubre de 1945 – Marte detrás del sol, el Dow subió un 32%
17 de marzo de 1946 - 18 de noviembre de 1947 - Marte detrás del Sol, cayó el Dow -4,61%
23 de abril de 1948 – 18 de diciembre de 1949 – Marte detrás del sol, el Dow subió +8,78%
29 de mayo de 1950 – 22 de enero de 1952 – Marte detrás del sol, el Dow subió +22,91%
16 de julio de 1952 – 2 de marzo de 1954 – Marte detrás del sol, el Dow subió +7,72%
1 de octubre de 1954 - 28 de abril de 1956 - Marte detrás del sol, el Dow subió un 36,53%
7 de diciembre de 1956 – 25 de julio de 1958 – Marte detrás del sol, el Dow subió +2,42%
27 de enero de 1959 – 26 de septiembre de 1960 – Marte detrás del sol, el Dow cayó -1,68%
5 de marzo de 1961 – 6 de noviembre de 1962 – Marte detrás del sol, el Dow cayó un 7,97%
10 de abril de 1963 – 6 de diciembre de 1964 – Marte detrás del sol, el Dow subió +21,51%
17 de mayo de 1965 – 8 de enero de 1967 – Marte detrás del sol, el Dow cayó -14,02%
26 de junio de 1967 – 14 de febrero de 1969 – Marte detrás del sol, el Dow subió +8,68%
24 de agosto de 1969 - 1 de abril de 1971 - Marte detrás del sol, Dow subió +9,19%
17 de noviembre de 1971 – 20 de junio de 1973 – Marte detrás del sol, el Dow subió +8,88%
15 de enero de 1974 – 9 de septiembre de 1975 – Marte detrás del sol, el Dow subió +2,03%

21 de febrero de 1976 – 20 de octubre de 1977 – Marte detrás del sol, el Dow cayó -18,33%
29 de marzo de 1978 – 23 de noviembre de 1979 – Marte detrás del sol, el Dow Jones cayó un 8,27%
1 de mayo de 1980 – 24 de diciembre de 1981 – Marte detrás del sol, Dow arriba +8,21%
9 de junio de 1982 – 30 de enero de 1984 – Marte detrás del sol, Dow arriba +44%
1 de agosto de 1984 – 16 de marzo de 1986 – Marte detrás del sol, Dow arriba +49%
15 de octubre de 1986 – 19 de mayo de 1988 – Marte detrás del sol, el Dow subió +16,03%
(19 de octubre de 1987, caída del mercado de valores)
(26 de octubre de 1987, la bolsa de valores cayó -8,04%)
17 de diciembre de 1988 – 7 de agosto de 1990 – Marte detrás del sol, el Dow subió +24,76%
6 de febrero de 1991 – 5 de octubre de 1992 – Marte detrás del sol, el Dow subió +14,44%
12 de marzo de 1993 – 10 de noviembre de 1994 – Marte detrás del sol, el Dow subió +10,79%
21 de abril de 1995 – 13 de diciembre de 1996 – Marte detrás del sol, Dow arriba +40,92%
20 de mayo de 1997 – 14 de enero de 1999 – Marte detrás del sol, el Dow subió +26,49%
(El 27 de octubre de 1997, el mercado de valores se desplomó -7,18%)
8 de julio de 1999 – 22 de febrero de 2001 – Marte detrás del sol, el Dow cayó -3,20%
(14 de abril de 2000, la bolsa cayó -5,66%)
13 de septiembre de 2001 – 18 de abril de 2003 – Marte detrás del sol, el Dow cayó -9,25%
(17 de septiembre de 2001, la bolsa cayó -7,13%)
1 de diciembre de 2003 - 12 de julio de 2005: Marte detrás del sol, Dow subió +8,13%
17 de enero de 2006 – 17 de septiembre de 2007 – Marte detrás del sol, Dow subió +21,00%
27 de febrero de 2008 – 28 de octubre de 2009 – Marte detrás del sol, el Dow cayó -16,66%
(15 de octubre de 2008, la bolsa de valores cayó -7,87%)
(29 de septiembre de 2008, la bolsa cayó -6,98%)
(9 de octubre de 2008, la bolsa de valores cayó -7,33%)
(El 1 de diciembre de 2008 la bolsa cayó -7,70%)
5 de abril de 2010 – 1 de diciembre de 2011 – Marte detrás del sol, Dow subió +12,35%
(8 de agosto de 2011, la bolsa de valores cayó -5,15%)
8 de mayo de 2012 – 2 de enero de 2014 – Marte detrás del sol, Dow +24,46%
15 de junio de 2014 – 8 de febrero de 2016 – Marte detrás del sol, el Dow cayó -2,81%
15 de agosto de 2016 – 23 de marzo de 2018 – Marte detrás del sol, Dow +24%
4 de noviembre de 2018 – 7 de junio de 2020 – Marte detrás del sol, Dow arriba +7,28%
(9, 12 y 16 de marzo de 2020, caída del mercado de valores)
1 de enero de 2021 – 27 de agosto de 2022 – Marte detrás del sol, el Dow subió +5,48%

A continuación se muestran los períodos en los que Marte pasó frente al Sol visto desde la Tierra, así como el desempeño del Dow Jones durante este tiempo. No se produjeron caídas importantes del mercado de valores cuando Marte estaba en algún lugar a lo largo de la línea blanca (ver más abajo). Esto está indicado en los datos. La teoría es que durante esta fase orbital, la gravedad de Marte aleja el eje de la Tierra del Sol, aumentando el enfriamiento e impactando positivamente en el sentimiento de los inversores.

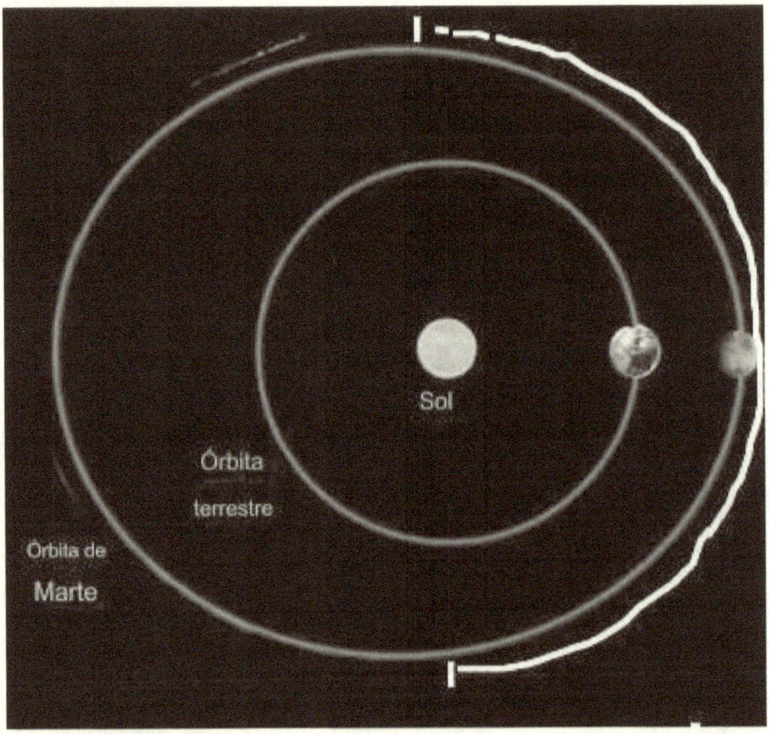

Del 2 de septiembre de 1896 al 13 de febrero de 1897, Marte estuvo frente al Sol. El Dow Jones subió un +22%
19 de octubre de 1898 - 23 de marzo de 1899, Marte frente al sol, el Dow Jones subió +32,90
16 de noviembre de 1900 – 1 de mayo de 1901, Marte estaba frente al Sol. El Dow Jones subió un +13,49%
28 de diciembre de 1902 - 9 de junio de 1903, Marte estaba frente al Sol, el Dow Jones cayó -10,09%

27 de enero de 1905 – 31 de julio de 1905, Marte estaba delante del sol, el Dow Jones subió un +16%
15 de marzo de 1907 – 13 de octubre de 1907 – Marte frente al Sol, el Dow cayó -18,70%
14 de mayo de 1909-17 de diciembre de 1909: Marte frente al Sol, Dow subió +8,23
9 de agosto de 1911 – 26 de enero de 1912 – Marte antes que el Sol, el Dow cayó -0,53%
5 de octubre de 1913 - 9 de marzo de 1914 – Marte frente al Sol, el Dow subió +1,17%
10 de noviembre de 1915 – 18 de abril de 1916 – Marte frente al Sol, el Dow subió +0,04%
13 de diciembre de 1917 – 21 de mayo de 1918 – Marte frente al Sol, el Dow subió +21%
15 de enero de 1920 – 6 de julio de 1920 – Marte frente al Sol, el Dow cayó -8,06%
20 de febrero de 1922 – 14 de septiembre de 1922 – Marte frente al Sol, el Dow subió +18,33%
13 de abril de 1924 – 22 de noviembre de 1924 – Marte frente al Sol, el Dow subió +19,21%
11 de julio de 1926 – 15 de enero de 1927 – Marte frente al sol, el Dow subió +0,47%
16 de septiembre de 1928 – 28 de febrero de 1929 – Marte frente al Sol. El Dow subió un +29%.
28 de octubre de 1930 – 27 de marzo de 1931 – Marte frente al Sol, el Dow cayó -7,81%
30 de noviembre de 1932 – 2 de mayo de 1933, Marte frente al Sol, el Dow subió +35%
2 de enero de 1935 – 15 de junio de 1935, Marte frente al Sol, el Dow subió +14,15%
4 de febrero de 1937 – 9 de agosto de 1937, Marte frente al Sol, el Dow cayó -0,31%
23 de marzo de 1939 – 24 de octubre de 1939 – Marte frente al Sol, el Dow subió +11,45%
3 de junio de 1941 – 30 de diciembre de 1941 – Marte frente al Sol, el Dow cayó -3,81%
29 de agosto de 1943 – 12 de febrero de 1944 – Marte frente al Sol, el Dow cayó -0,11%
13 de octubre de 1945 – 16 de marzo de 1946 – Marte frente al Sol, el Dow subió +4,87%
19 de noviembre de 1947 – 22 de abril de 1948 – Marte frente al Sol, el Dow subió +0,91%
19 de diciembre de 1949 – 28 de mayo de 1950 – Marte frente al Sol, el Dow subió +11,49%
23 de enero de 1952 – 15 de julio de 1952 – Marte frente al Sol, el Dow subió +0,64%
3 de marzo de 1954 – 1 de octubre de 1954 – Marte frente al Sol, el Dow subió +19,25%
29 de abril de 1956 – 7 de diciembre de 1956 – Marte frente al Sol, el Dow cayó -3,00%
26 de julio de 1958 – 26 de enero de 1959: Marte frente al Sol, el Dow subió +16,86%
27 de septiembre de 1960 – 5 de marzo de 1961 – Marte frente al Sol, el Dow subió +15,37%
7 de noviembre de 1962 – 9 de abril de 1963 – Marte frente al sol, el Dow subió un +14,72%
7 de diciembre de 1964 – 16 de mayo de 1965 – Marte frente al Sol, el Dow subió +7,70%
9 de enero de 1967 – 25 de junio de 1967 – Marte frente al Sol, el Dow subió +8,43%
15 de febrero de 1969 – 23 de agosto de 1969 – Marte frente al Sol, el Dow cayó -12,54%
2 de abril de 1971 – 16 de noviembre de 1971 – Marte frente al Sol, el Dow cayó -9,42%
21 de junio de 1973 – 14 de enero de 1974 – Marte frente al Sol, el Dow cayó -3,98%
10 de septiembre de 1975 – 20 de febrero de 1976 – Marte frente al Sol, el Dow subió +18,21%
21 de octubre de 1977 – 28 de marzo de 1978 – Marte frente al Sol, el Dow cayó -6,84%
24 de noviembre de 1979 – 30 de abril de 1980 – Marte frente al Sol, el Dow subió +1,17%
25 de diciembre de 1981 – 8 de junio de 1982 – Marte frente al Sol, el Dow cayó -8,11%
1 de febrero de 1984 – 30 de julio de 1984 – Marte frente al Sol, el Dow subió -9,10%
17 de marzo de 1986 – 14 de octubre de 1986 – Marte frente al sol, el Dow subió +1,18%

20 de mayo de 1988 – 16 de diciembre de 1988 – Marte frente al Sol, el Dow subió +10,03%
8 de agosto de 1990 – 5 de febrero de 1991 – Marte frente al Sol, el Dow subió +3,77%
6 de octubre de 1992 - 11 de marzo de 1993 - Marte frente al sol, el Dow subió +8,58%
11 de noviembre de 1994 – 20 de abril de 1995 – Marte frente al Sol, el Dow subió +10,37%
14 de diciembre de 1996 – 19 de mayo de 1997 – Marte frente al Sol, el Dow subió +14,24%
15 de enero de 1999 – 7 de julio de 1999 – Marte frente al Sol, el Dow subió +21,08%
23 de febrero de 2001 – 12 de septiembre de 2001 – Marte frente al Sol, el Dow cayó -8%
19 de abril de 2003 – 30 de noviembre de 2003 – Marte frente al Sol, Dow +16%
13 de julio de 2005 – 16 de enero de 2006 – Marte frente al Sol, Dow +4,30%
18 de septiembre de 2007 – 26 de febrero de 2008 – Marte frente al Sol, el Dow cayó -4,71
29 de octubre de 2009 – 4 de abril de 2010 – Marte frente al Sol, Dow subió +12,09%
2 de diciembre de 2011 – 7 de mayo de 2012 – Marte frente al Sol, Dow subió +8,17%
3 de enero de 2014 – 14 de junio de 2014 – Marte frente al Sol, Dow subió +2,27%
9 de febrero de 2016 – 14 de agosto de 2016 – Marte frente al Sol, Dow subió +15,08%
24 de marzo de 2018 – 3 de noviembre de 2018 – Marte frente al Sol, el Dow subió +7,69%
8 de junio de 2020 – 31 de diciembre de 2020 – Marte frente al sol, el Dow subió un +16,45%
28 de agosto de 2022 – 19 de febrero de 2023 – Marte frente al Sol, el Dow subió +4,78%

Sección III

Para proporcionar un contexto relevante a lo que muestra este artículo, es importante considerar un estudio reciente publicado en Nature Communications en marzo de 2024, aproximadamente cinco años después de que esta idea se presentara por primera vez al público. En este estudio, publicado en marzo de 2024, los investigadores descubrieron que Marte ejerce una fuerza gravitacional sobre la inclinación de la Tierra, exponiendo a la Tierra a temperaturas más cálidas y más luz solar, todo dentro de un ciclo de 2,4 millones de años. Sostengo que esto nos lleva a creer que incluso en escalas de tiempo más cortas, Marte todavía ejerce una fuerza gravitacional sobre la inclinación del eje de la Tierra suficiente para elevar las temperaturas cuando Marte viaja detrás del Sol, o para bajar las temperaturas cuando viaja delante del Sol. el sol, desde la perspectiva de la Tierra. Esto influiría en la precipitación si otras dinámicas desencadenan las perturbaciones de temperatura que favorecen la precipitación.

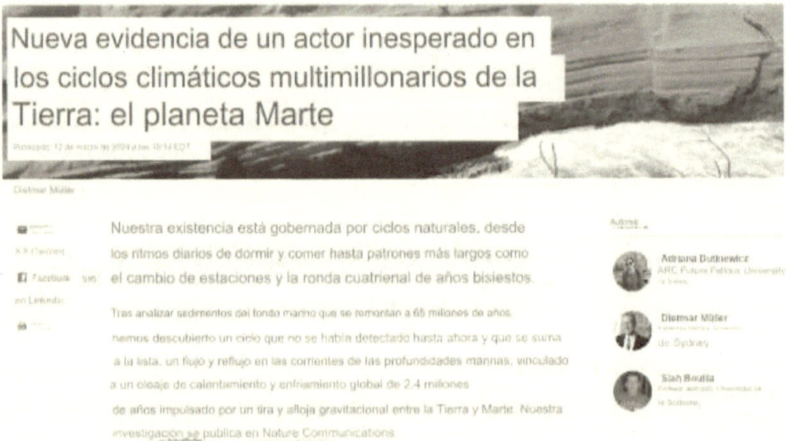
Nueva evidencia de un actor inesperado en los ciclos climáticos multimillonarios de la Tierra: el planeta Marte

Dietmar Müller

Nuestra existencia está gobernada por ciclos naturales, desde los ritmos diarios de dormir y comer hasta patrones más largos como el cambio de estaciones y la ronda cuatrienal de años bisiestos.

Tras analizar sedimentos del fondo marino que se remontan a 65 millones de años hemos descubierto un ciclo que no se había detectado hasta ahora y que se suma a la lista, un flujo y reflujo en las corrientes de las profundidades marinas, vinculado a un oleaje de calentamiento y enfriamiento global de 2.4 millones de años impulsado por un tira y afloja gravitacional entre la Tierra y Marte. Nuestra investigación se publica en Nature Communications.

Adriana Dutkiewicz

Dietmar Müller

de Sydney

Slah Boulila

En 2014, dos científicos de la Universidad de Washington examinaron 15 años de datos climáticos y descubrieron que los recuentos lunares influyen en las precipitaciones. Tsubasa Kohyama

y su profesor John Wallace examinaron 15 años de datos de precipitaciones entre 1998 y 2012 y descubrieron que la posición de la Luna, cuando está sobre nosotros desde nuestro punto de vista en la Tierra o bajo nuestros pies, aumenta la presión del aire, lo que resulta en temperaturas más altas, más absorbidas. humedad y menos precipitaciones. Aunque el efecto fue sólo del 1% de todas las fluctuaciones de precipitación, los datos fueron lo suficientemente significativos como para vincular la posición de la luna con la precipitación. En teoría, las precipitaciones deberían ser mayores al amanecer o al atardecer desde nuestro punto de vista. Pero en el meridiano, según el estudio, la luna reduce las precipitaciones. La ciencia detrás de este estudio es que la gravedad de la luna eleva la atmósfera de la Tierra y aumenta la presión del aire. Cuando esto sucede, el aire debajo se vuelve más cálido y puede retener más humedad. Este estudio nos permite utilizar la posición de la luna como factor desencadenante de la precipitación. Dado que suponemos que la Luna tiene un efecto estabilizador sobre la oscilación de la Tierra, también podemos señalar que la posición de la Luna con respecto a Marte tiene una influencia temporal en la inclinación del eje de la Tierra, en contra de la atracción gravitacional de Marte. Si la Luna está en la posición opuesta a Marte, esto puede provocar un cambio temporal en las temperaturas alejándose de la tendencia actual, favorecida por la atracción gravitacional de Marte sobre la Tierra.

NOTICIAS DE LA UNIVERSIDAD DE WASHINGTON

MEDIO AMBIENTE | CIENCIA

29 de enero de 2016

Las fuerzas de marea de la Luna afectan la cantidad de lluvia en la Tierra

Hannah Hickey

Cuando la Luna está alta en el cielo, crea abultamientos en la atmósfera del planeta que generan cambios imperceptibles en la cantidad de lluvia que cae debajo.

Una nueva investigación de la Universidad de Washington que se publicará en Geophysical Research Letters muestra que las fuerzas lunares afectan la cantidad de lluvia, aunque muy levemente.

Con esta nueva comprensión de la rotación de Marte alrededor del Sol y su conexión con los patrones climáticos de la Tierra y el comportamiento humano, podemos comenzar a imaginar cómo se desarrollarían estas dinámicas en el pronóstico de precipitaciones. La premisa básica de la precipitación es que el aire más cálido puede retener humedad/vapor de agua hasta que entra aire más frío y somete el vapor de agua a un proceso llamado condensación, donde el vapor de agua se convierte en gotas líquidas o lo que conocemos como lluvia. Si entendemos cómo Marte puede crear las condiciones para la lluvia, podremos predecir los eventos de precipitación de manera mucho más eficiente. Anteriormente se pensaba que a medida que Marte viaja detrás del Sol desde la perspectiva de la Tierra, su gravedad en la inclinación del eje de la Tierra puede exponer a la Tierra a más luz solar y temperaturas más cálidas. Cuando Marte pasa frente al Sol desde la perspectiva de la Tierra, su gravedad sobre la inclinación del eje de la Tierra aleja a la Tierra del Sol, lo que debería resultar en menos luz solar, menos calor y más enfriamiento. Teniendo en cuenta estos aspectos, podemos aplicar esta dinámica a las estaciones en las que esto suceda. Esto permitiría predecir cuándo el aire caliente se mezclará con el aire más frío o viceversa, creando las condiciones para que la humedad precipite y se convierta en precipitación.

Aquí hay un ejemplo de lo que quiero decir. Los meses más cálidos de un año calendario son la primavera y el verano, que comienzan alrededor del 20 de marzo y duran hasta el 20 de septiembre. Como constante, podemos suponer que hay más humedad en el aire y llueve menos en esta época del año, salvo que la variable marciana influya. A medida que Marte se mueve detrás del Sol durante este tiempo, exponiendo a la Tierra a más luz solar y calor, se puede esperar que llueva menos, lo que nos permite predecir que la primavera y el verano serán más secos este año. Si es al revés, con Marte moviéndose frente al Sol en primavera y verano, y la inclinación de la Tierra empujando hacia afuera, exponiendo a la Tierra a menos luz solar y más enfriamiento, entonces podemos esperar que haya más precipitaciones en la primavera. y el verano, ya que el aire más frío creado por esta configuración de Marte se mezcla con el aire más cálido de primavera y verano, creando las condiciones para las precipitaciones.

Esta dinámica también se aplica a los meses más fríos, otoño e invierno, entre el 20 de septiembre y el 20 de marzo · Cuando Marte viaja detrás del sol en invierno, el aire más cálido se mezcla con el aire más frío, creando las condiciones para la precipitación. Cuando Marte se mueve frente al Sol durante este tiempo, se crea aire más frío con una menor probabilidad de precipitación.

También podemos considerar a Marte dentro de los 30 grados del nodo lunar como un factor que puede empeorar las condiciones de lluvia al tirar y estirar la órbita de la Luna, alejando así a la Luna de la Tierra, teniendo un efecto desestabilizador en el bamboleo de la Tierra.

Este marco teórico nos permite establecer las condiciones necesarias para desencadenar la precipitación real. Asumir un período de mayor o menor precipitación basado en la posición de Marte en relación con la Tierra y la estación particular no proporciona un mecanismo real que pueda desencadenar la precipitación. Por lo tanto, necesitamos imaginar un escenario en el que el aire más frío y el más cálido se mezclen en un determinado período de tiempo. Supongamos que Marte viaja detrás del Sol en invierno, creando un escenario para un invierno más cálido ya que la gravedad de Marte afecta la inclinación del eje de la Tierra durante este período. En este sentido, podemos suponer que lloverá más que nieve durante este período. Sin embargo, todavía necesitamos interpolar un escenario en el que el aire más cálido se mezcla con aire más frío. Si este escenario, en el que Marte viaja detrás del Sol en invierno, predice un invierno más cálido, entonces sería necesario explicar un mecanismo que trae aire más frío para que pueda llover en esta época del año. Por tanto, podemos insertar el esquema lunar.

En 2014, dos científicos de la Universidad de Washington examinaron 15 años de datos climáticos y descubrieron que los recuentos lunares influyen en las precipitaciones. Tsubasa Kohyama y su profesor John Wallace examinaron 15 años de datos de precipitaciones entre 1998 y 2012 y descubrieron que la posición de la Luna, cuando está sobre nosotros desde nuestro punto de vista en la Tierra o bajo nuestros pies, aumenta la presión del aire, lo que resulta en temperaturas más altas, más absorbidas. humedad y menos precipitaciones . Aunque el efecto fue sólo del 1% de todas las fluctuaciones de precipitación , los datos fueron lo suficientemente significativos como para vincular la posición de la luna con la precipitación. En teoría, las precipitaciones deberían ser mayores al amanecer o al atardecer desde nuestro punto de vista. Pero en el meridiano, según el estudio, la luna reduce las precipitaciones. La ciencia detrás de este estudio es que la gravedad de la luna eleva la atmósfera de la Tierra y aumenta la presión del aire. Cuando esto sucede, el aire debajo se vuelve más cálido y puede retener más humedad. Este estudio nos permite utilizar la posición de la luna como factor desencadenante de la precipitación.

Además, dado que la Luna tiene un efecto estabilizador sobre el movimiento de la Tierra, podemos suponer que la posición de la Luna en relación con Marte tiene una influencia temporal que contrarresta la atracción gravitacional de Marte sobre la inclinación del eje de la Tierra. Si la Luna está en una posición opuesta a Marte, esto puede alejar temporalmente las temperaturas de la tendencia actual, favorecida por la atracción gravitacional de Marte sobre la Tierra. Si estamos en una estación más cálida de lo habitual porque Marte viaja detrás del Sol y la inclinación de la Tierra atrae hacia el Sol, podemos suponer que cuando la Luna está en una posición opuesta a Marte pero detrás de la Tierra se encuentra, la gravedad de la Luna, que aleja la inclinación de la Tierra del Sol, provocará un cambio temporal en la temperatura que crearía las condiciones para que el aire más frío se mezcle con el aire más cálido y divida el vapor de agua, provocando que el agua se precipite y se convierta en lluvia.

A continuación se ofrece una idea general de cómo pensar en este escenario como causa de la lluvia.

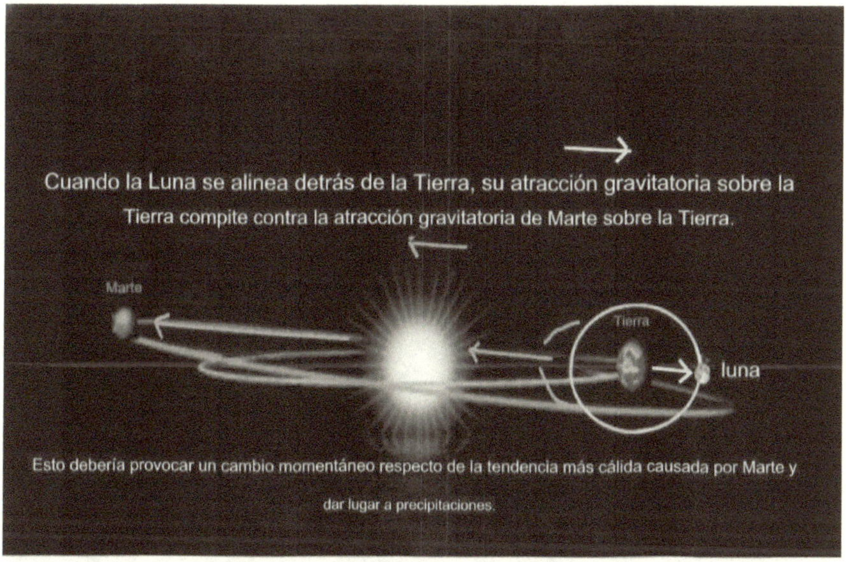

En la imagen vemos las condiciones que podrían causar que la humedad y el vapor de agua sean absorbidos durante la tendencia más cálida, que luego se convierte en precipitación cuando la Luna rompe la tendencia más cálida al tratar de contrarrestar la atracción gravitacional de Marte y la inclinación de la Tierra para alejarla. del sol. Esto sería temporal y duraría entre 1 y 5 días, ya que la Luna orbita la Tierra mucho más rápido que Marte orbita alrededor del Sol.

Tenga en cuenta que existen muchas variaciones de esta dinámica que pueden provocar lluvia. Por ejemplo, si Marte se mueve frente al Sol en verano, provocando temperaturas más bajas que el promedio porque la gravedad de Marte aleja el eje de la Tierra del Sol, esto podría encontrar resistencia a medida que la Luna se mueve frente a la Tierra, lo que a su vez crea condiciones para las precipitaciones, ya que la gravedad de la luna sobre la Tierra, que atrae a la Tierra hacia el Sol, podría alterar una tendencia más fría. El aire caliente se mezclaría con el aire más frío, provocando la descomposición del vapor de agua. A continuación se muestra un ejemplo que describe tal escenario.

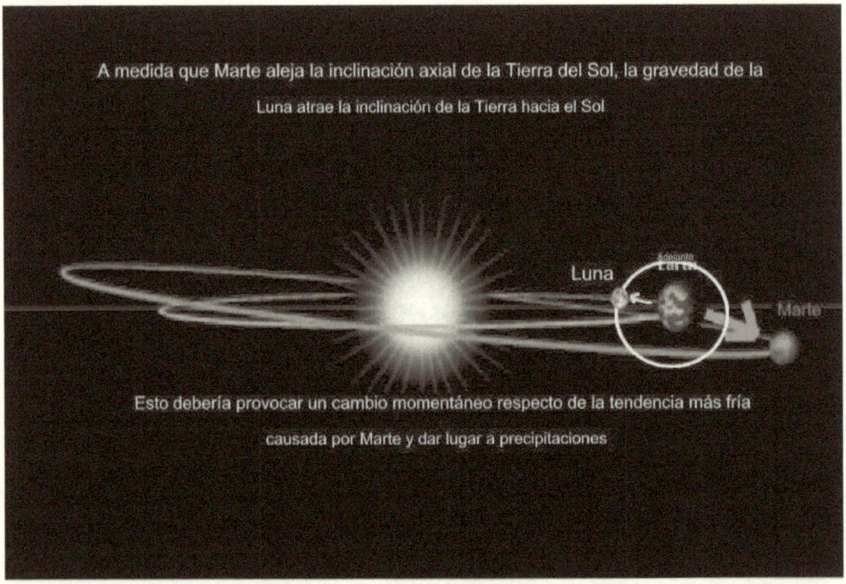

Aquí hay una descripción básica de las condiciones de precipitación.

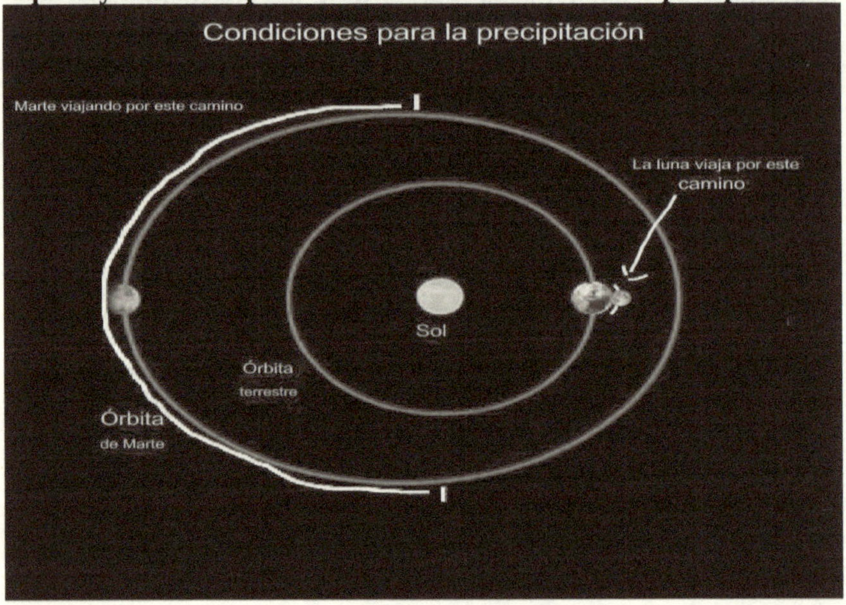

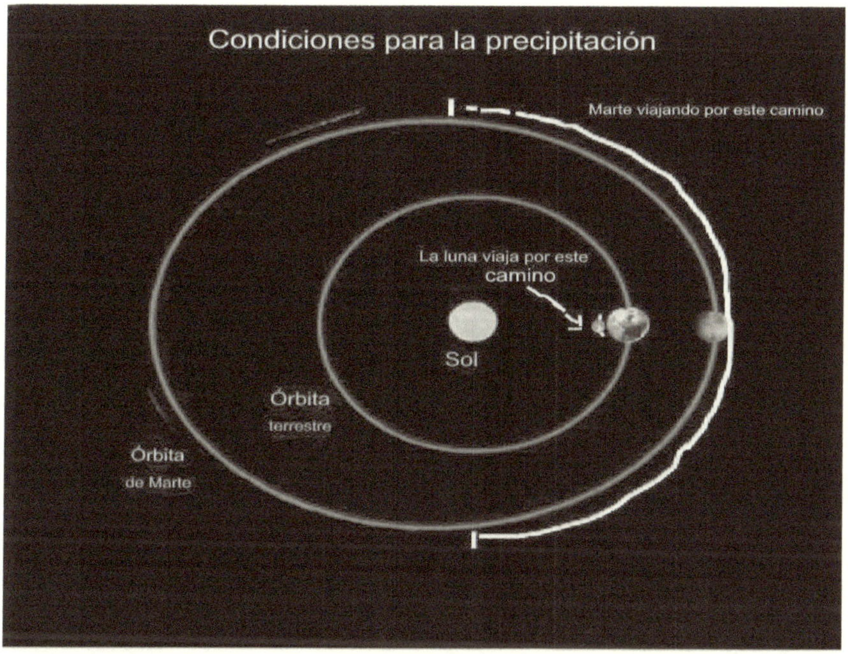

Estos dos primeros ejemplos interpolan cómo esta orientación puede favorecer la lluvia y aislar los parámetros que pueden desencadenar la lluvia. Ahora podemos reducir aún más las cosas e introducir la idea de que cuanto más cercana sea la alineación en oposición entre la Luna y Marte, más probable será que llueva intensamente. Así que ahora reduzcamos el camino requerido de la Luna y Marte.

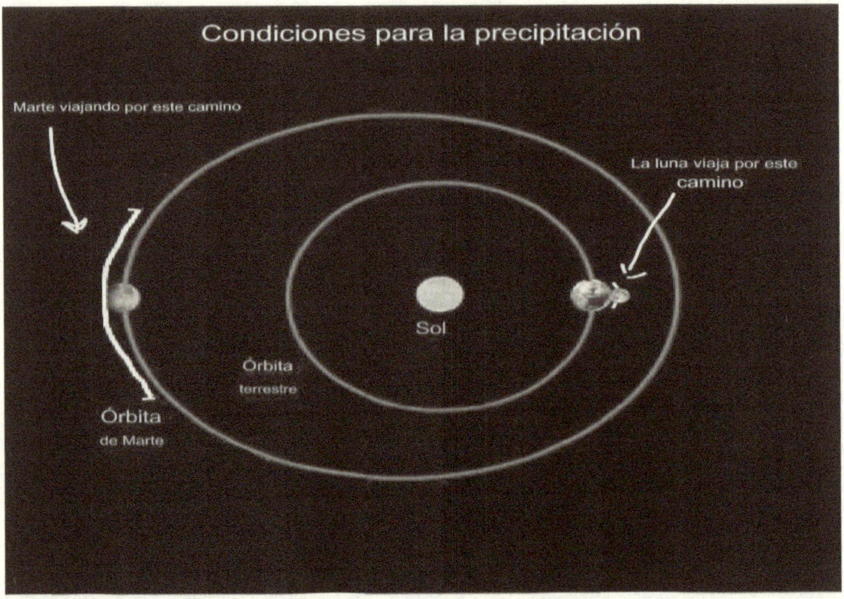
Condiciones para la precipitación
Marte viajando por este camino
La luna viaja por este
camino
Sol
Órbita
terrestre
Órbita
de Marte

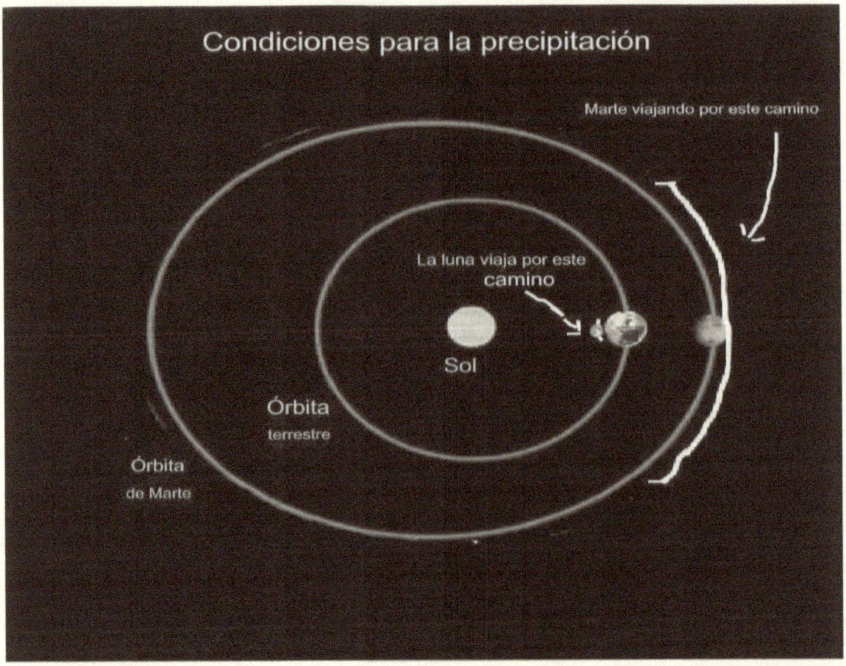
Condiciones para la precipitación
Marte viajando por este camino
La luna viaja por este
camino
Sol
Órbita
terrestre
Órbita
de Marte

Una vez que las hayamos reducido, podemos pasar a las otras dos variantes, que también pueden usarse en la ciencia de la precipitación e implican una estrecha conjunción entre la Luna y Marte. Si la Luna pasa frente a la Tierra mientras Marte pasa detrás del Sol, ambos cuerpos en conjunto atraerían el eje de la Tierra hacia el Sol, exponiendo a la Tierra a más luz solar y calor. Aquí podemos suponer que las temperaturas más altas resultantes podrían provocar precipitaciones a medida que el frente cálido se mezcla con el aire menos cálido, lo que podría provocar la descomposición del vapor de agua. A continuación se muestra un ejemplo de esta conjunción cercana.

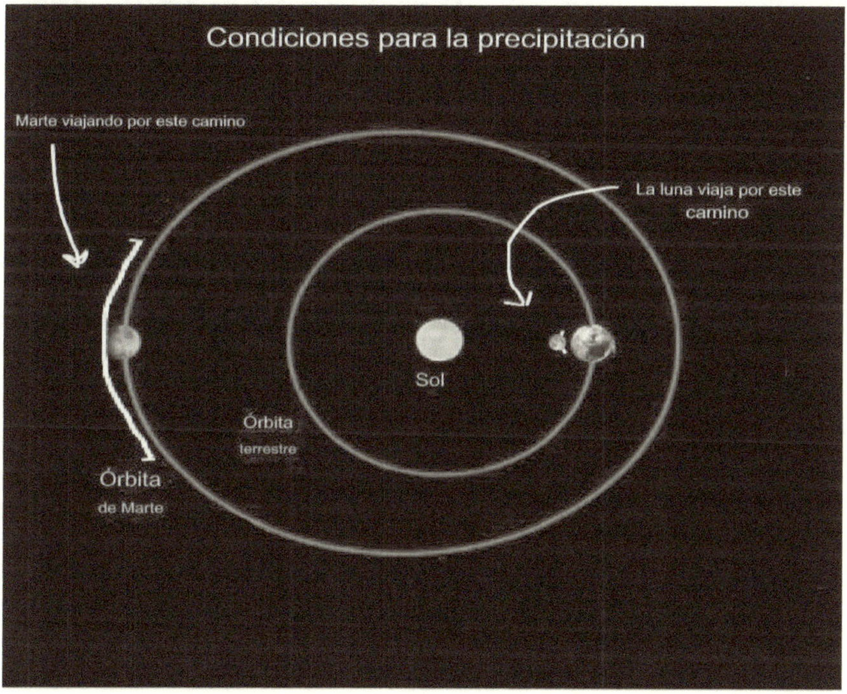

Ahora veamos una representación visual de la otra conjunción cercana entre la Luna y Marte, donde la Luna viaja detrás de la Tierra y Marte viaja frente al Sol, en relación con la posición de la Tierra. Ambos cuerpos ejercerían una fuerza gravitacional sobre la inclinación de la Tierra, alejando a la Tierra del Sol y exponiéndola a temperaturas más frías. Si las temperaturas resultantes del frente frío se mezclan con el aire menos frío, el vapor de agua y las precipitaciones pueden disolverse. Aquí hay una representación visual de este escenario.

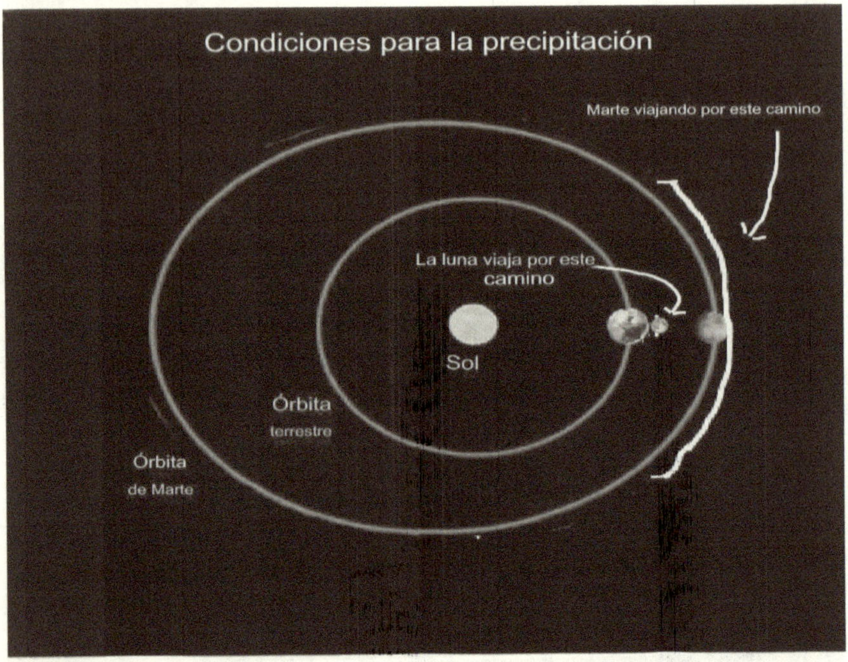

Hasta ahora hemos diseñado un marco teórico que podría permitirnos predecir las fluctuaciones de temperatura que resultan en precipitaciones cuando la gravedad de Marte y la Luna actúan sobre la Tierra, inclinando el eje de la Tierra hacia el Sol o alejándolo de él. Sin embargo, dado que este artículo se ha ocupado de fenómenos climáticos extremos como los discutidos en las dos primeras secciones sobre el lanzamiento de cohetes desde Gaza y las caídas del mercado de valores, deberíamos seguir con este tema y examinar los eventos de lluvias extremas. De manera similar a la escalada de ataques con cohetes desde Gaza y las caídas del mercado de valores, deberíamos encontrar un tema similar, a saber, que Marte dentro de los 30 grados del nodo lunar es un factor desencadenante que podría desencadenar eventos de lluvias extremas. Marte dentro de los 30 grados del nodo lunar se ha explicado como un mecanismo por el cual el planeta Marte ejerce gravedad sobre la órbita de la Luna, estirándola de modo que gradualmente aleja la órbita de la Luna de la Tierra, factor que tiene un efecto desestabilizador al tambalearse. tendría el movimiento de la Tierra, lo que expondría a la Tierra a mayores fluctuaciones de temperatura. Si aplicamos esta dinámica a los fenómenos meteorológicos, podemos suponer que el escenario podría provocar grandes cambios de temperatura que pueden condensar el vapor de agua absorbido del aire y provocar lluvia. Se tiene en cuenta a la luna porque es el componente que provoca fluctuaciones de temperatura a corto plazo. Recuerde que estamos tratando de explicar los fenómenos meteorológicos extremos. Aquí hay una representación visual de cómo funciona la configuración. Este primer ejemplo es un evento de precipitación extrema en el Medio Oriente que ocurrió en 1979 del 20 al 11 de octubre de 1979 · hasta el 23 de octubre . 50 personas murieron y 66.000 resultaron afectadas. Mire el mapa y observe que Marte estaba dentro de 30 grados del nodo lunar y se aplicaron los factores de gravedad anteriores. Marte también está detrás del Sol en relación con la Tierra, por lo que probablemente fue un invierno más cálido.

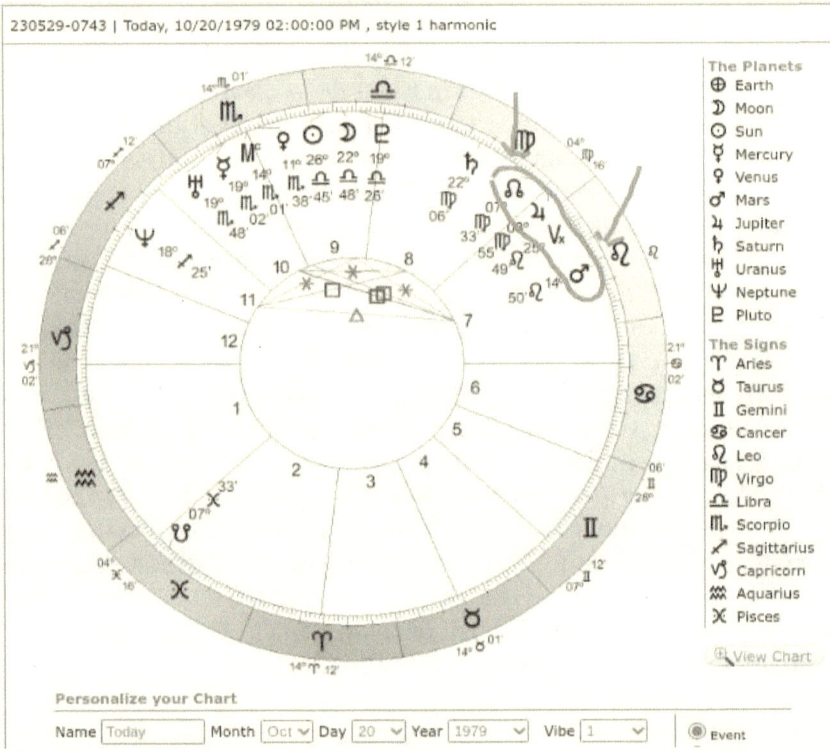

Entonces la perturbación fue causada por la luna. Pero ten cuidado. Descubrí un patrón que sugiere que eventos de precipitación extrema pueden ser desencadenados por ángulos rectos entre Marte y la Luna cuando cualquiera de las masas está dentro de los 30 grados del nodo lunar. Entonces, si Marte está dentro de los 30 grados del nodo lunar, la alteración de la temperatura y la precipitación correspondiente se desencadenarán cuando la Luna forme un ángulo casi recto con la posición de Marte. Del mismo modo, la perturbación de la temperatura puede desencadenarse cuando la Luna se encuentra dentro de 30 grados del nodo lunar, cuando la Luna ya se está formando en un ángulo casi recto con Marte. Lo primero está sucediendo aquí: Marte está dentro de 30 grados del nodo lunar, mientras que una luna en un ángulo casi recto con Marte crea la perturbación de temperatura necesaria para precipitaciones extremas. Aquí está la representación visual.

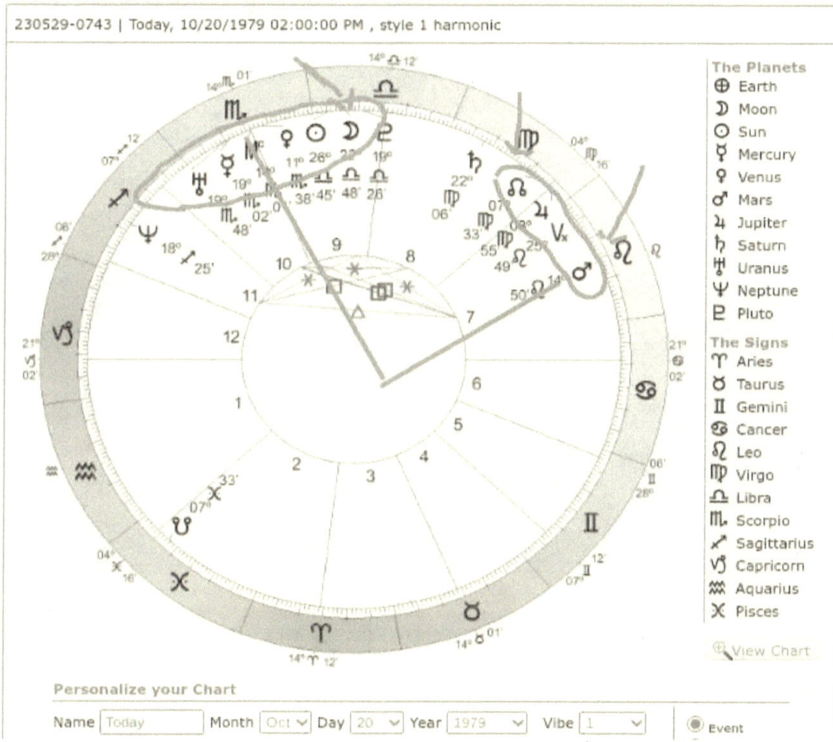

Así apareció esta constelación en el cielo

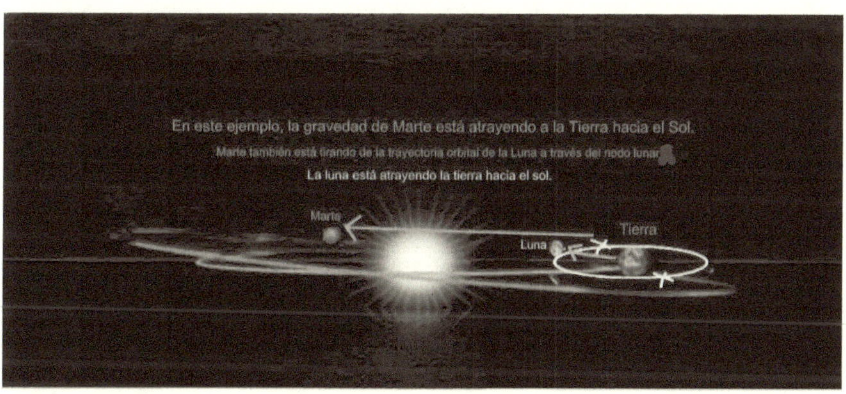

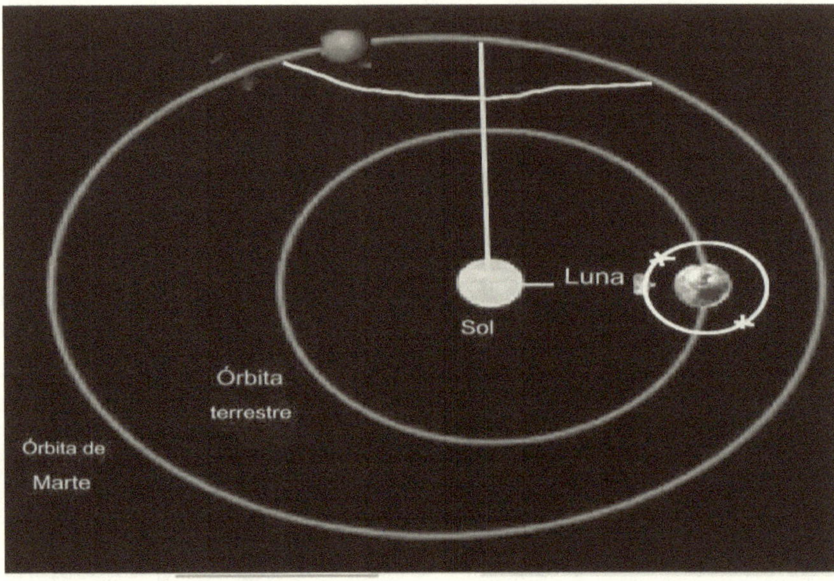

El 13 de mayo de 1982, una fuerte tormenta provocó inundaciones en Oriente Medio. Aquí está el diagrama. Tenga en cuenta que tenemos una dinámica similar a la del primer gráfico, pero esta vez la Luna está dentro de 30 grados del nodo lunar, formando un ángulo casi recto con Marte.

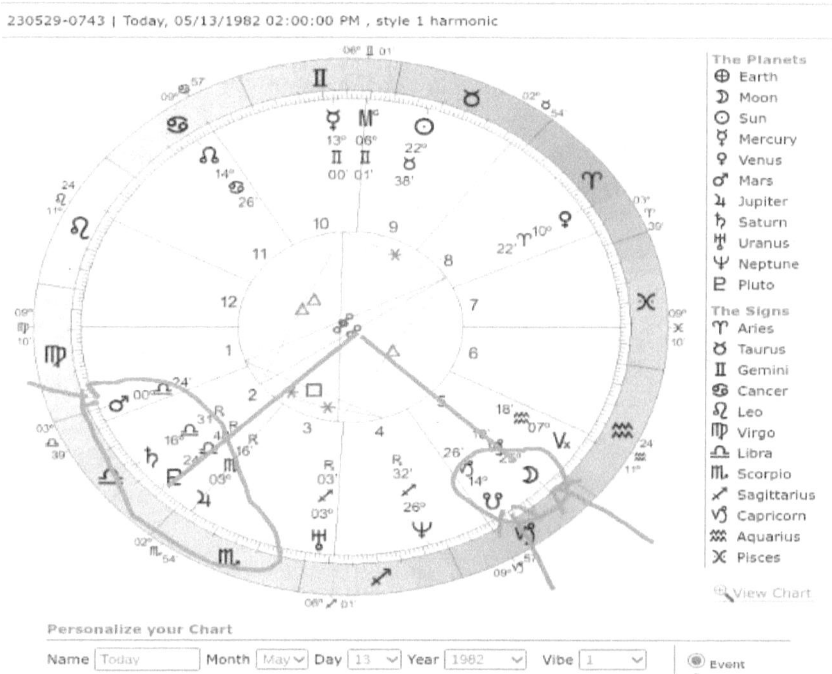

Así se veía esta constelación en el cielo ese día

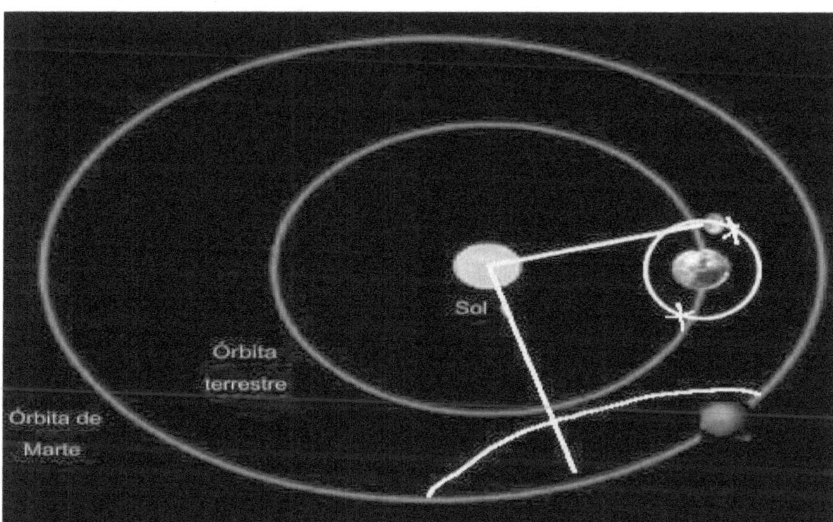

Tenga en cuenta que Marte estaba dentro de los límites del punto que marca el ángulo recto entre la configuración de Marte y la Luna.

Aquí está el gráfico de la tormenta del 16 de octubre de 1987 que provocó inundaciones en Egipto y Jordania y mató a 39 personas.

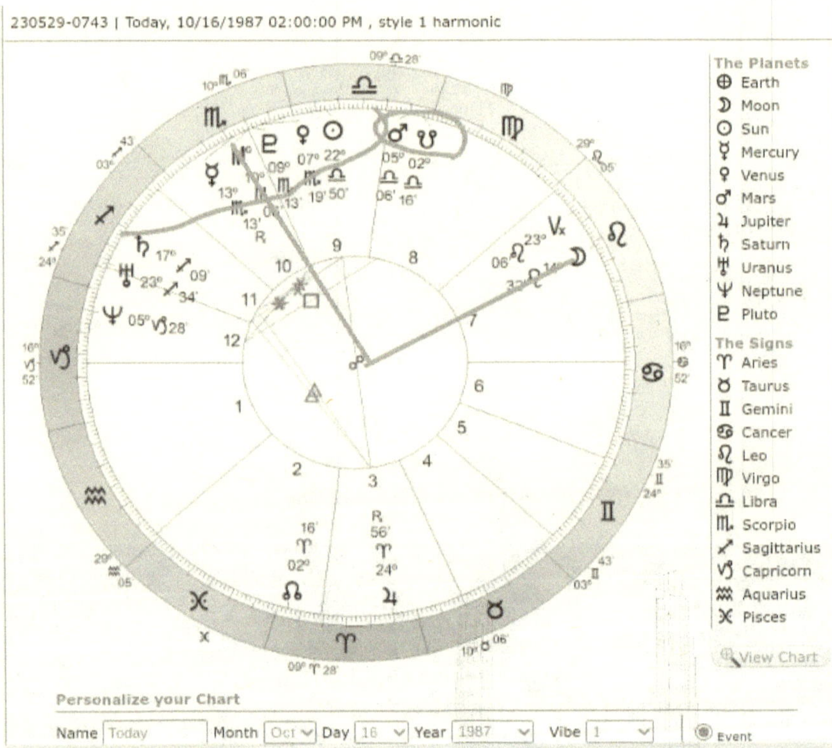

Marte está dentro de 30 grados del nodo lunar y forma casi un ángulo recto con la Luna, aunque ligeramente diferente en el momento en que se calculó el mapa. La luna habría estado dentro de la zona asignada horas antes. Así se veía la constelación en el cielo ese día

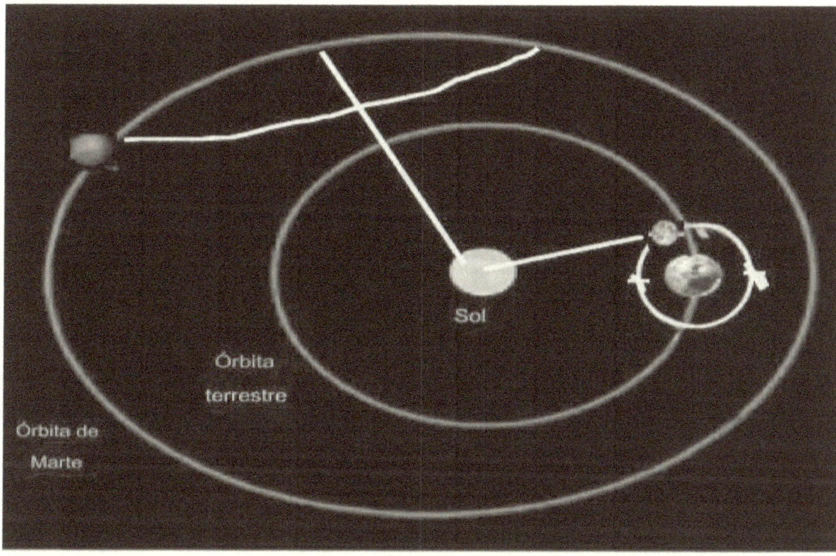

Otra fecha con fuertes lluvias en Egipto que provocaron inundaciones fue el 16 de octubre de 1988. Aquí tenéis la carta astrológica que muestra la posición de Marte, la Luna y los Nodos Lunares. Una vez más, Marte estaba dentro de 30 grados del nodo lunar y formaba un ángulo recto con la Luna.

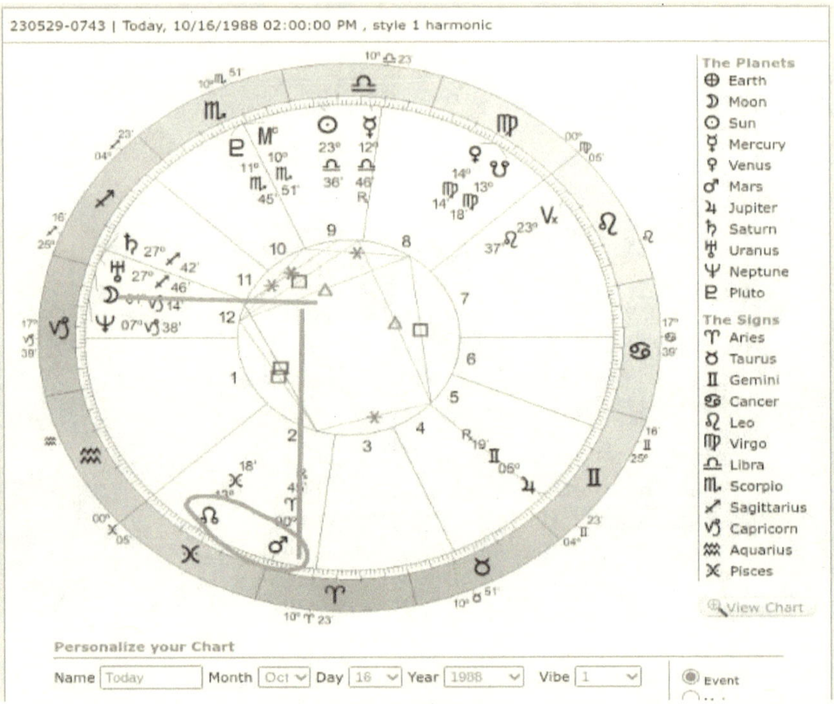

Así se veía la constelación en el cielo ese día

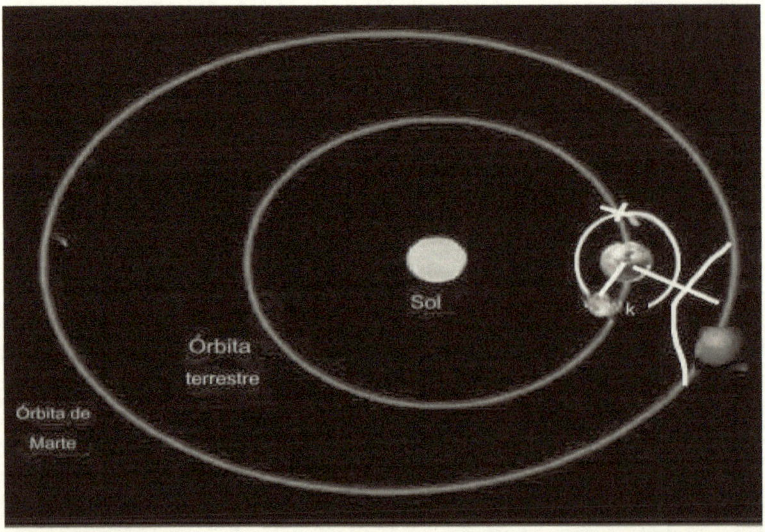

En el cielo, la configuración forma un ángulo recto.

Otro evento de precipitación importante en el Levante ocurrió el 12 de octubre de 1991. Aquí la Luna estaba dentro de 30 grados del nodo lunar y formaba un ángulo casi recto con Marte.

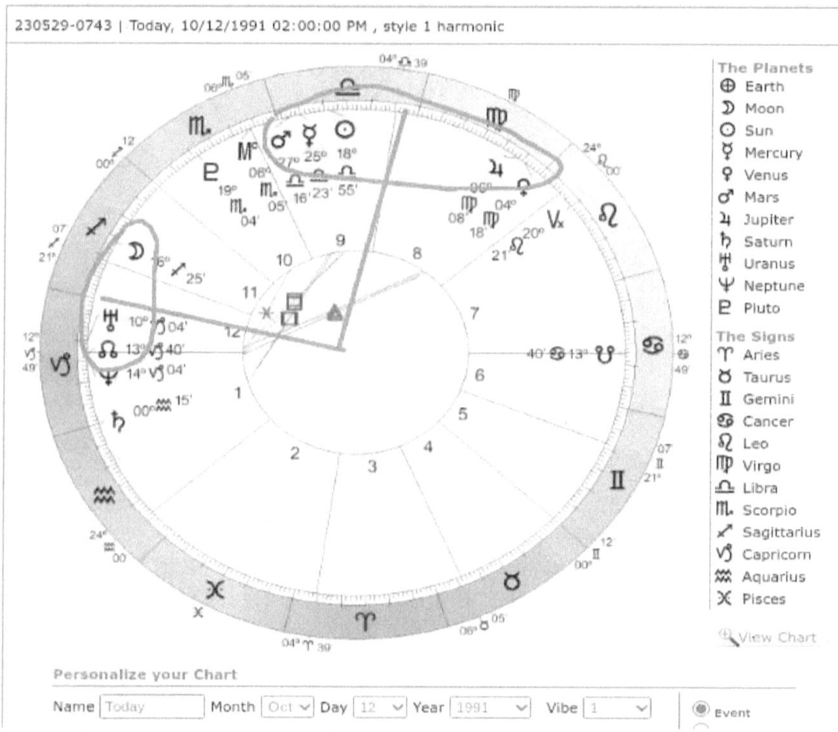

Así apareció la configuración en el cielo.

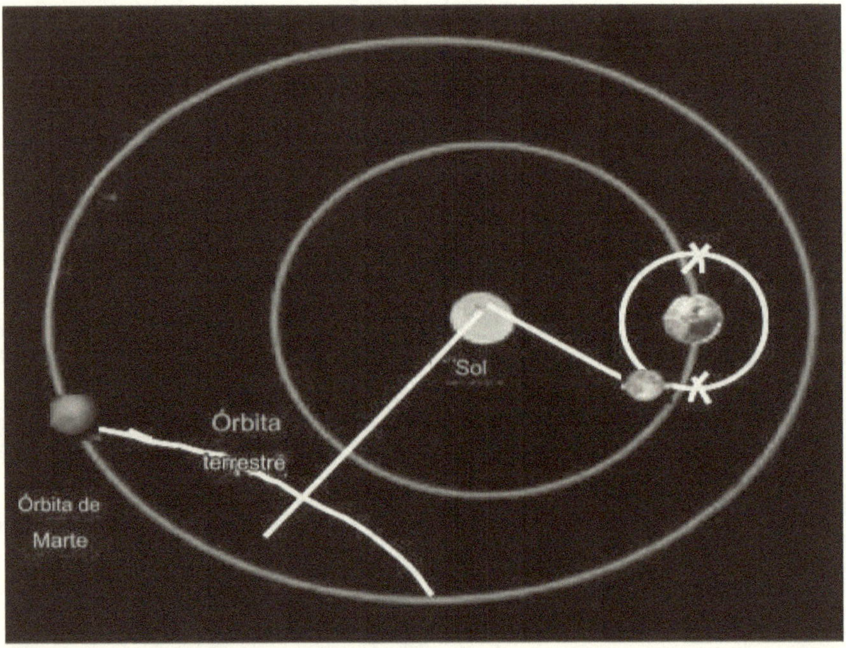

El siguiente gran episodio de lluvia en el Levante ocurrió el 20 de diciembre de 1993. Durante este período hubo en Israel

En astrología, Marte estaba dentro de 30 grados del nodo lunar y formaba un ángulo recto con la Luna, lo que parece ser una constelación típica de fenómenos meteorológicos extremos.

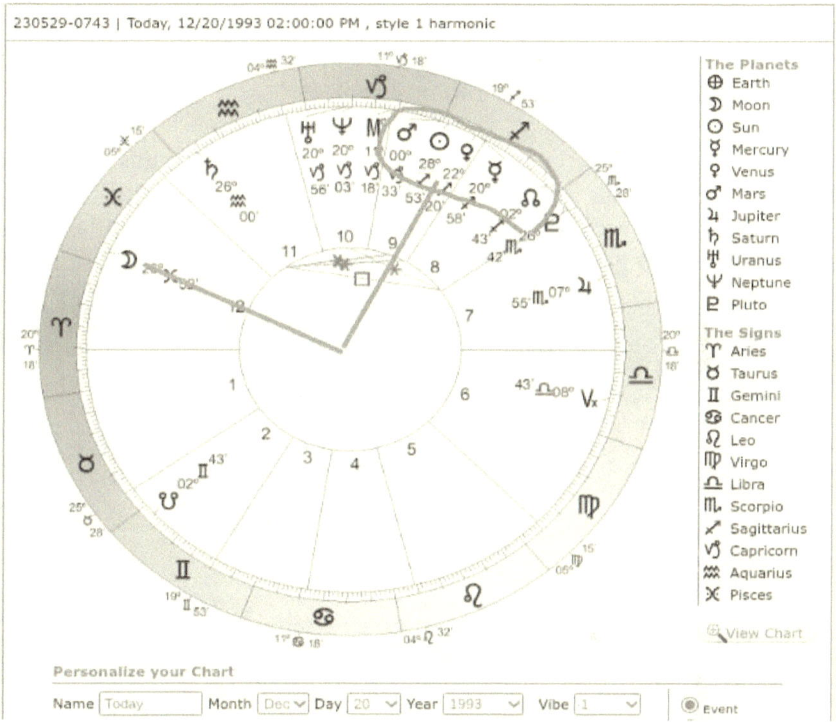

Así se veía esta constelación en el cielo ese día

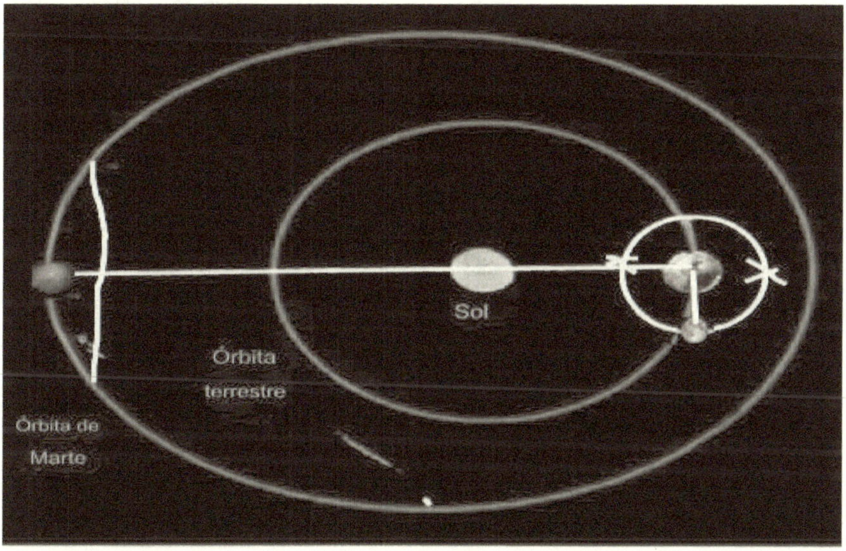

El 2 de noviembre de 1994, Egipto fue azotado por inundaciones extremas que se cobraron 600 vidas, afectaron a 160.000 personas y causaron daños por valor de 140 millones.

Durante este tiempo, la Luna estaba dentro de 30 grados del nodo lunar y formaba un ángulo recto con Marte. Así que aquí también vemos este patrón común en eventos extremos, con Marte o la Luna dentro de los 30 grados del nodo lunar y formando un ángulo recto entre sí.

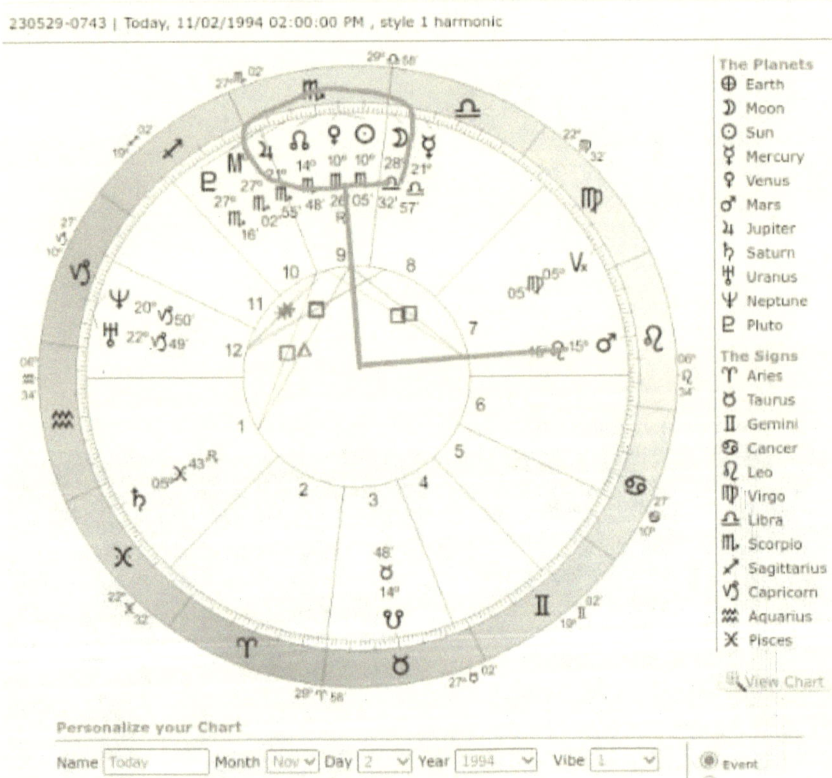

Así se veía esta constelación en el cielo ese día

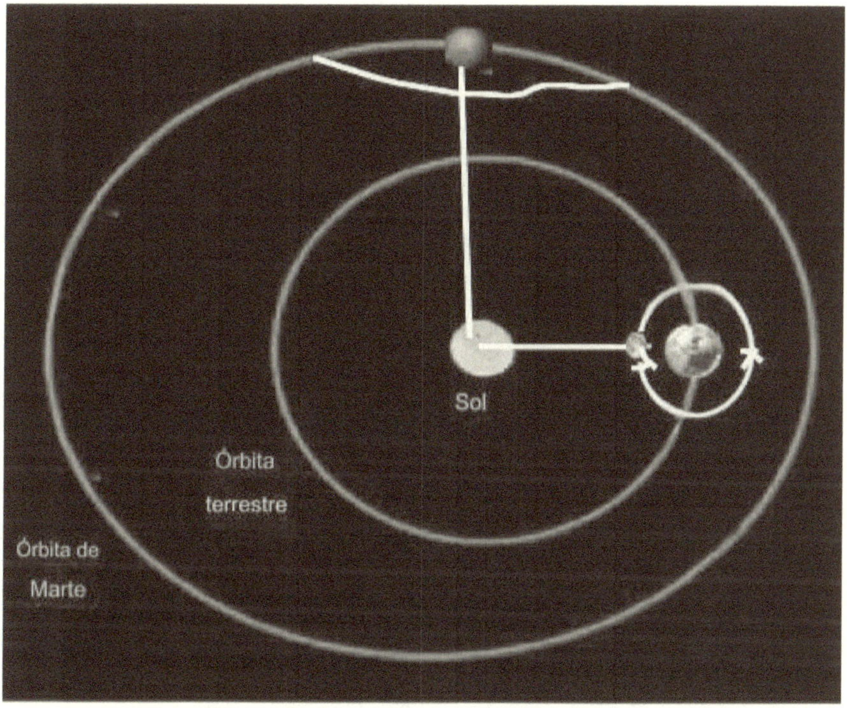

Del 13 al 18 de noviembre de 1996, las lluvias torrenciales en Egipto se cobraron 12 vidas e inundaron a 260 personas. Marte acababa de comenzar [a] moverse dentro de los 30 grados del nodo lunar y formaba un ángulo recto con la Luna. Aquí está la carta astrológica.

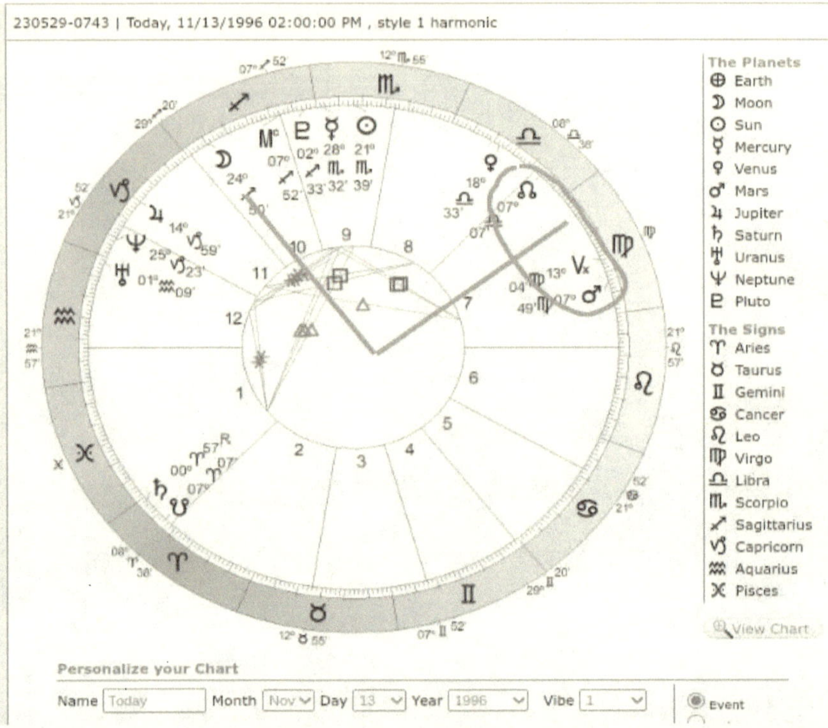

Así se veía esta constelación en el cielo ese día.

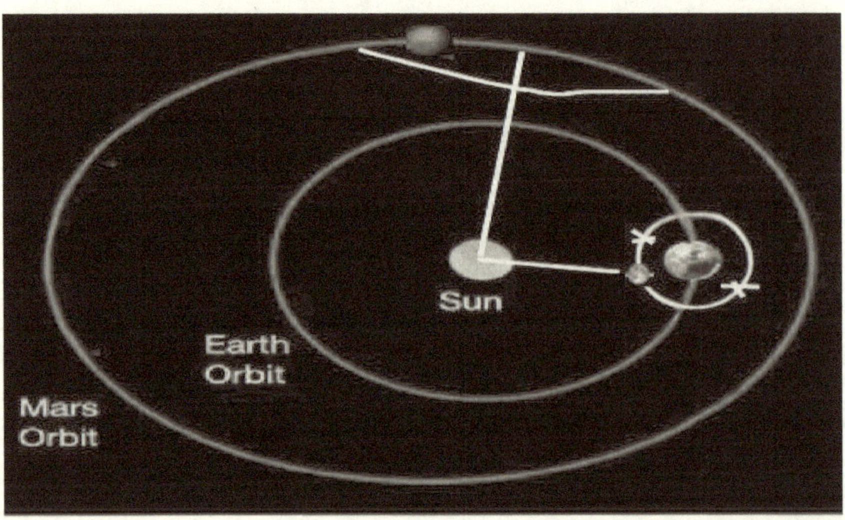

El 17 de octubre de 1997, fuertes lluvias azotaron Egipto, Israel y Jordania. En Israel, Egipto y Jordania hubo 15 muertes y los daños ascendieron a más de 40 millones de dólares. Aquí está la carta astrológica. He aquí un ejemplo en el que ni Marte ni la Luna estaban dentro de 30 grados del nodo lunar. Este es un ejemplo en el que la Luna y Marte estaban en oposición entre sí y cada cuerpo tiraba de la inclinación del eje de la Tierra, lo que probablemente provocaba una perturbación de temperatura. Este es un ejemplo de una dinámica que podría usarse para predecir la precipitación de rutina.

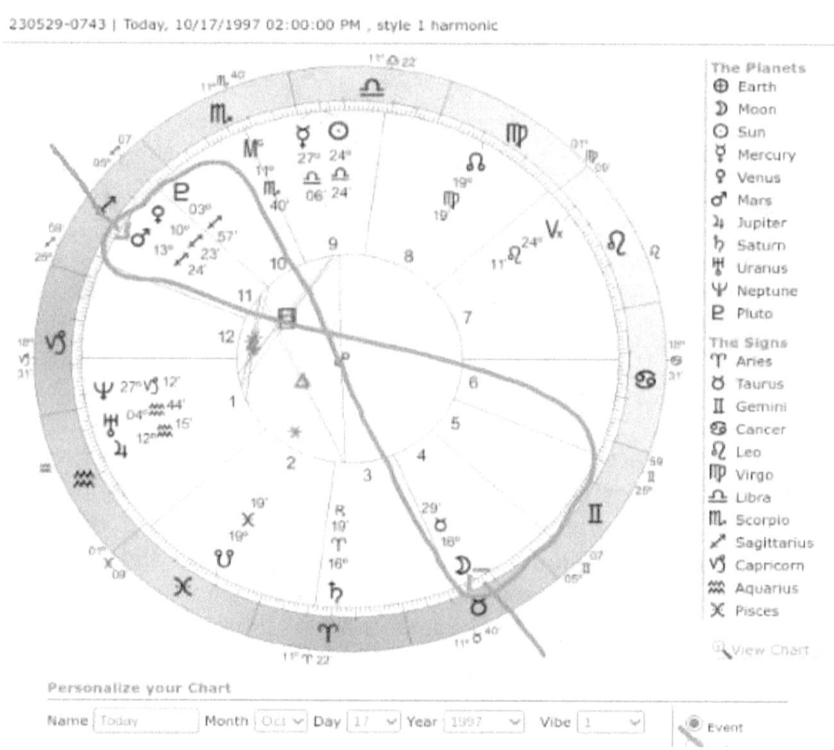

Así apareció esta constelación en el cielo

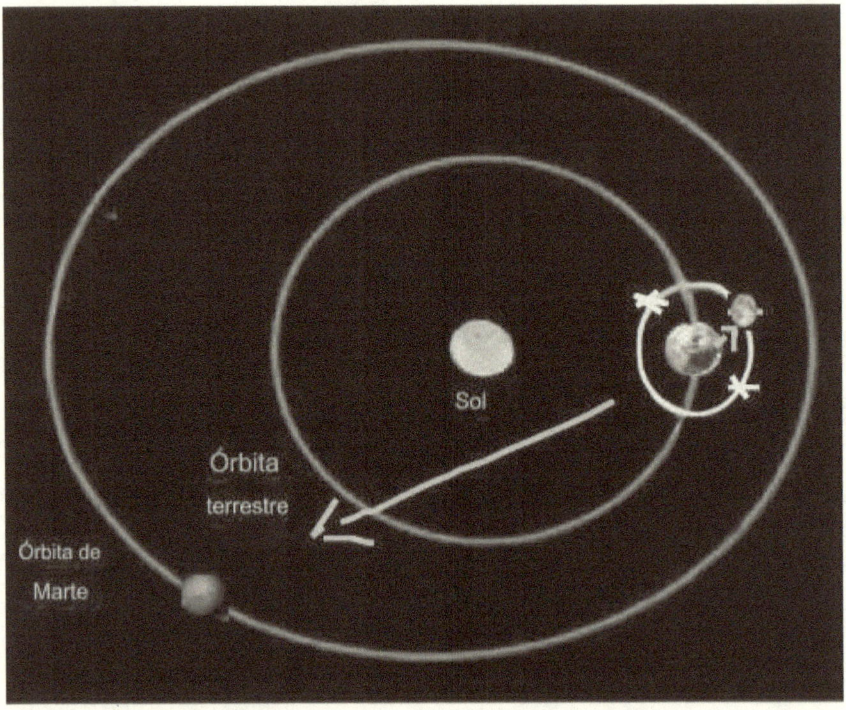

La mejor explicación de por qué Marte es un catalizador de eventos de precipitación extrema dentro de los 30 grados del nodo lunar y, por lo tanto, en ángulo recto con la Luna, puede ser que esta constelación indica que la Luna está en el punto más alejado de su órbita del avión. de la eclíptica. Esto no debe confundirse con el apogeo y el perigeo, cuando la Luna está más lejos y más cerca de la Tierra, respectivamente, en su órbita. La órbita de la Luna alrededor de la Tierra está inclinada cinco grados con respecto a la eclíptica y sólo se encuentra con la eclíptica en los nodos lunares. Pero durante el perigeo (la Luna más cercana a la Tierra) y el apogeo (la Luna más alejada de la Tierra), la Luna está muy cerca de los nodos lunares. Entonces, en este sentido, necesitamos observar la Luna en relación con el plano de la eclíptica y saber por qué su proximidad a ella es un factor que contribuye a las alteraciones de la temperatura y las precipitaciones. Podemos esperar que se produzcan fluctuaciones de temperatura cuando la Luna esté más alejada del plano de la eclíptica a medida que Marte se acerca a los nodos lunares. Esto es el resultado de la disminución de la atracción gravitacional de la Luna sobre la Tierra durante este tiempo. Esto permite que Marte ejerza su atracción gravitacional con menos resistencia de la Luna. Esto podría traer humedad y humedad que inmediatamente formarán precipitaciones a medida que se fusionen con el aire más frío, suponiendo que esto suceda en invierno.

El siguiente gráfico corresponde al 22 de enero de 2005. Entre el 22 y el 27 de enero, lluvias torrenciales en el Medio Oriente se cobraron 29 vidas. Aquí está el diagrama. Marte y la Luna están en oposición

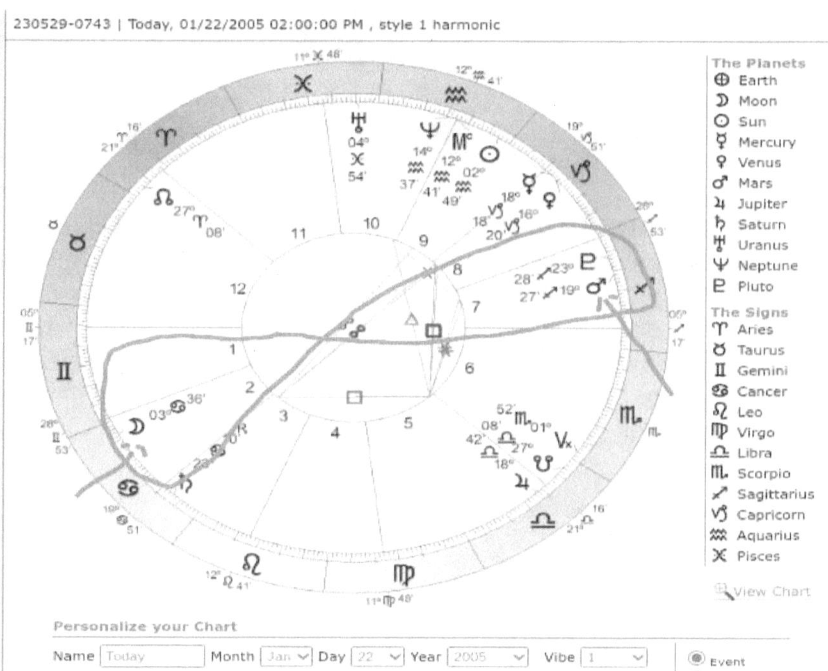

Así apareció esta constelación en el cielo

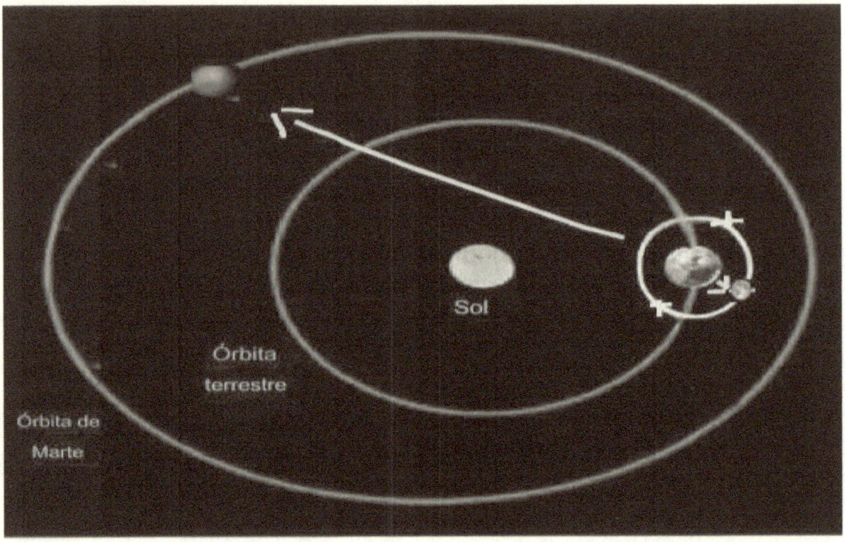

El siguiente gráfico corresponde al 25 de noviembre de 2009, un día que provocó inundaciones masivas en Arabia Saudita que se cobraron 122 vidas. 10.000 personas resultaron afectadas y los daños se estimaron en 900 millones de dólares. Marte está dentro de 30 grados del nodo lunar, pero la luna no forma el ángulo esperado para tal evento. La Luna se opone a Marte y tiene un efecto opuesto sobre la atracción gravitacional de Marte.

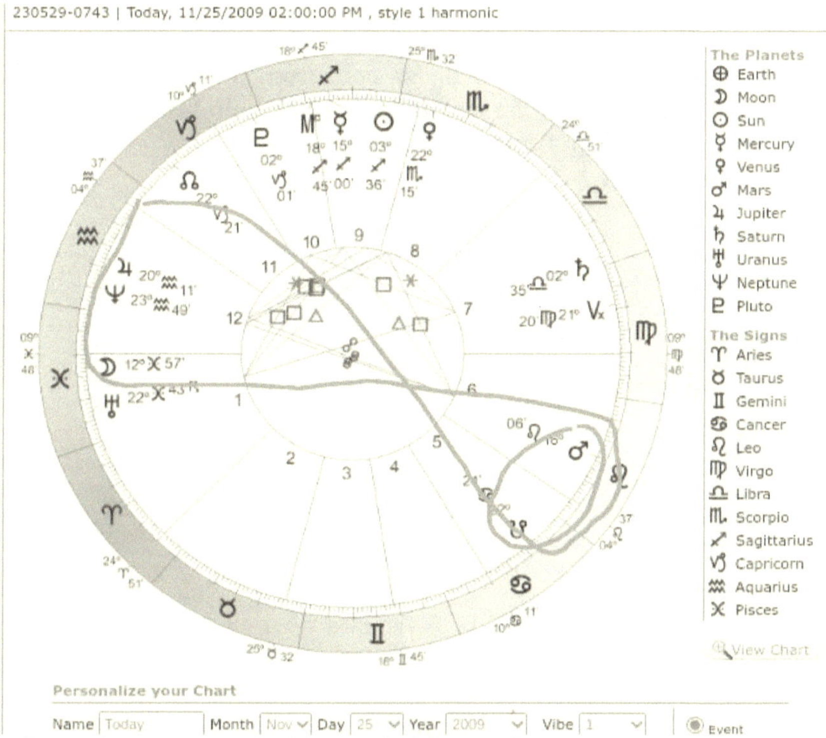

Así se veía esta constelación en el cielo ese día

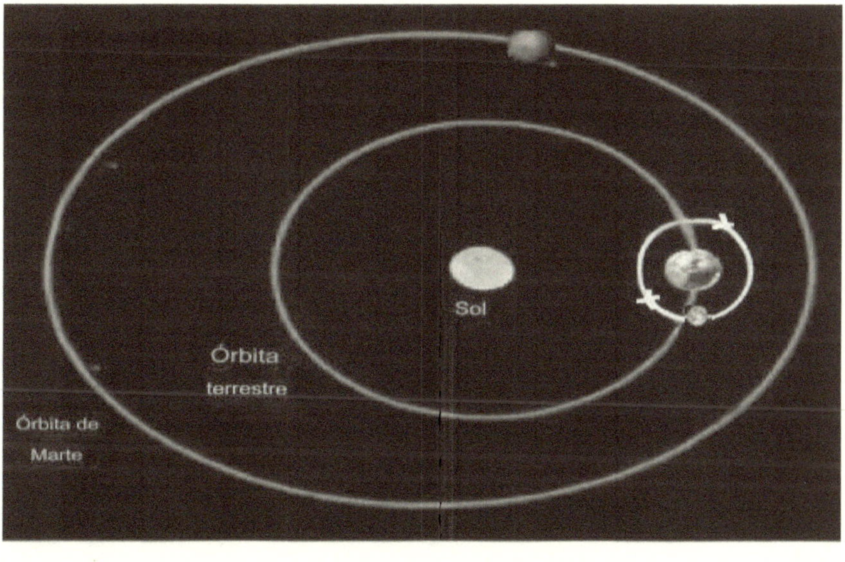

Este es el mapa del 2 de mayo de 2013, cuando las lluvias e inundaciones en Oriente Medio se cobraron 20 vidas. Este mapa muestra a Marte dentro de los 30 grados del nodo lunar, que forma un ángulo recto con la Luna.

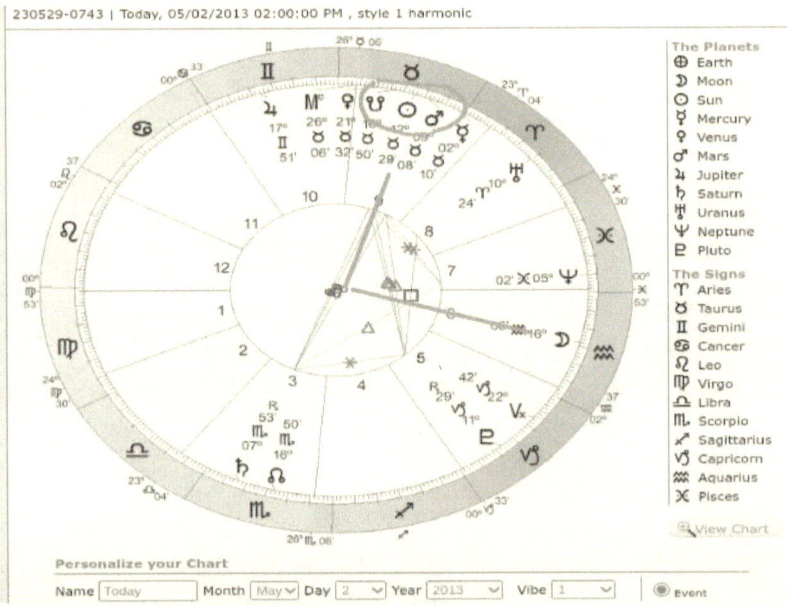

Así apareció esta constelación en el cielo

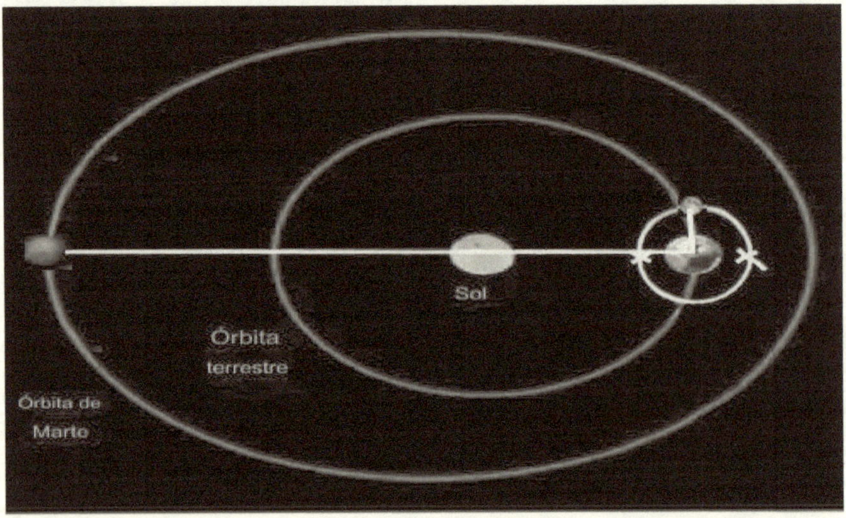

En 7 de los 12 mapas de lluvias intensas de Oriente Medio enumerados, Marte estaba dentro de 30 grados del nodo lunar. Sobre la base de esta alineación, los agricultores de Medio Oriente podrían desarrollar protocolos cruciales sobre cómo distribuir eficientemente los recursos hídricos e iniciar actividades de fertilización y cultivo.

A continuación se muestran ejemplos de cuatro grandes tormentas e inundaciones en Medio Oriente durante los últimos cinco años.

Aquí está el mapa del 12 de marzo de 2020, cuando se produjeron fuertes lluvias e inundaciones en Oriente Medio. Nueve países se vieron afectados: Egipto, Jordania, Israel, Siria, Líbano, Turquía, Arabia Saudita, Sudán, Irán e Irak. En este punto, Marte estaba dentro de los 30 grados, formando un ángulo recto con la Luna. Esta fue la peor tormenta que ha azotado Egipto desde 1979, cuando Marte también se encontraba dentro de 30 grados del nodo lunar.

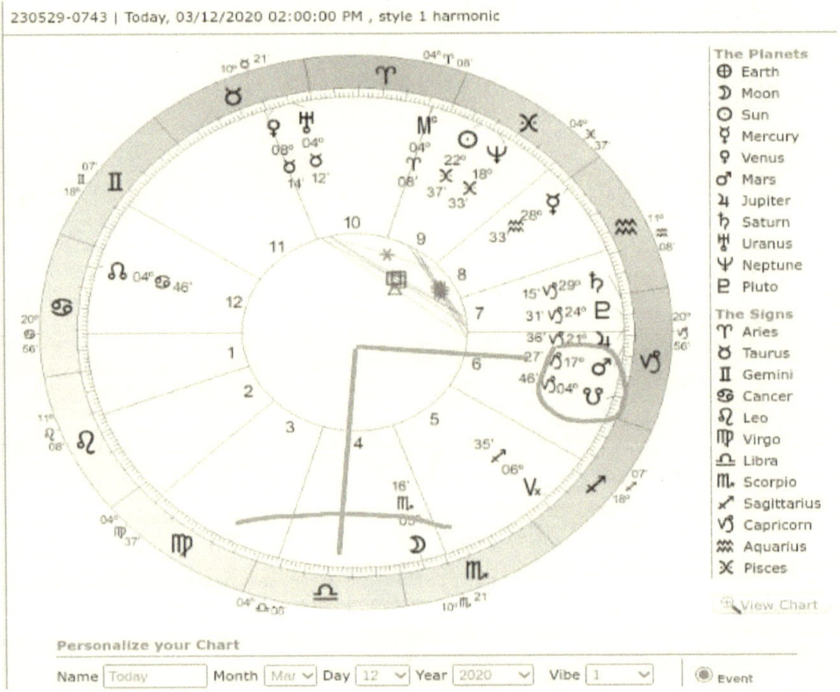

Aquí está el gráfico del 26 de julio de 2022, cuando los Emiratos Árabes Unidos experimentaron precipitaciones récord.

También en este día, Marte estaba dentro de 30 grados del nodo lunar e inicialmente formó un ángulo casi recto con la Luna. Dentro de unas horas la luna estaría en la zona del ángulo recto.

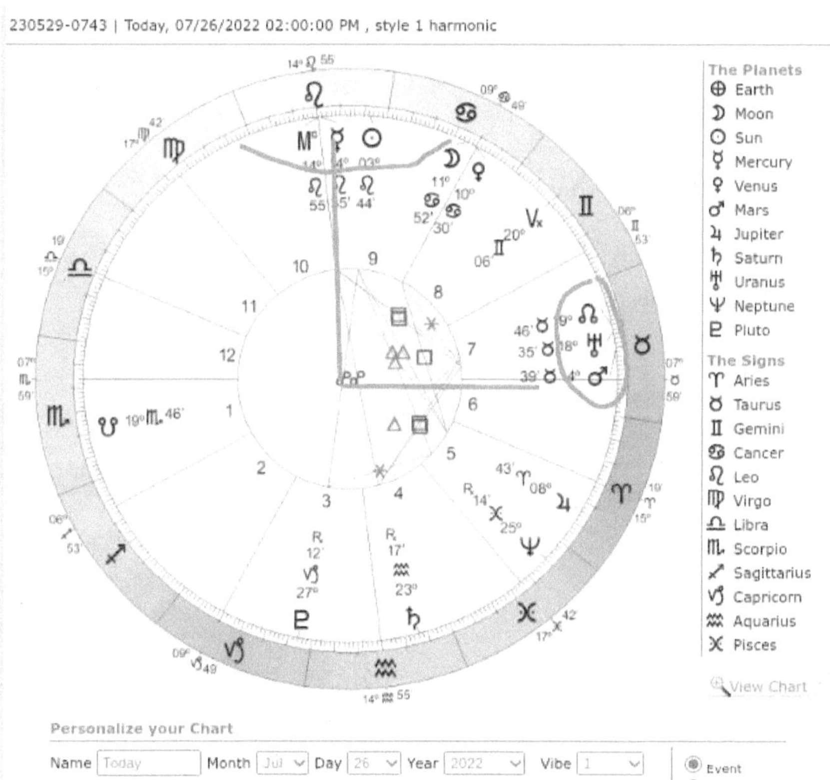

Aquí está el mapa de las inundaciones de Libia de 2023 causadas por la tormenta Daniel, que azotó Libia el 10 de septiembre de 2023. Ese día, Marte estaba dentro de 30 grados del nodo lunar y formaba un ángulo recto con la Luna.

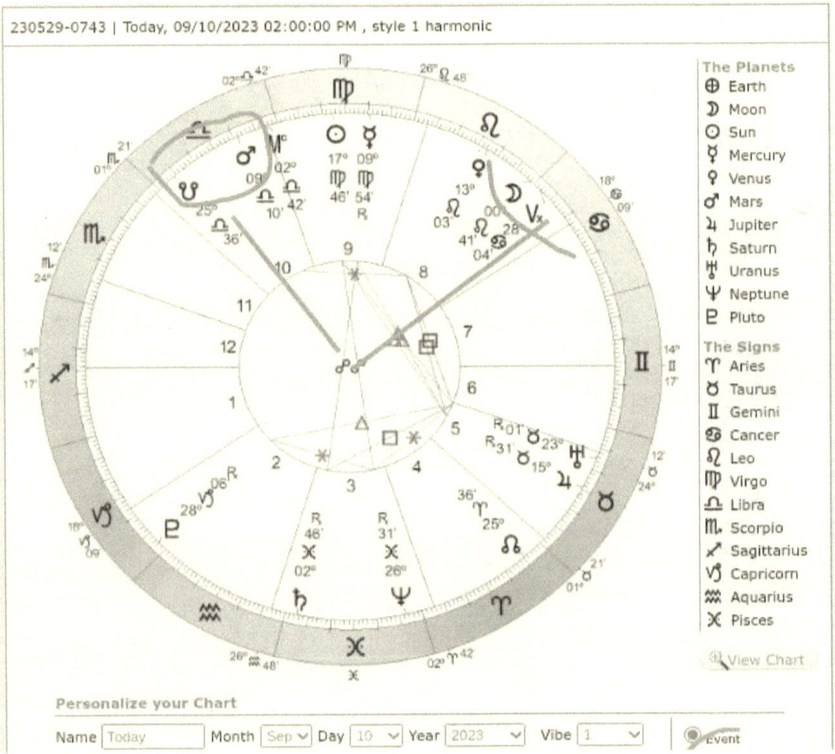

Aquí está el gráfico de las inundaciones en los EAU en abril de 2024. El 14 de abril de 2024, fuertes lluvias azotaron los EAU ' provocando graves inundaciones. Los Emiratos Árabes Unidos, Omán, Irán, Bahréin, Qatar, Arabia Saudita y Yemen se vieron afectados. Este fue un evento récord para los Emiratos Árabes Unidos. Una vez más, Marte estaba dentro de 30 grados del nodo lunar y formaba un ángulo recto con la Luna cuando la tormenta tocó tierra allí. Este fue un evento récord para los Emiratos Árabes Unidos

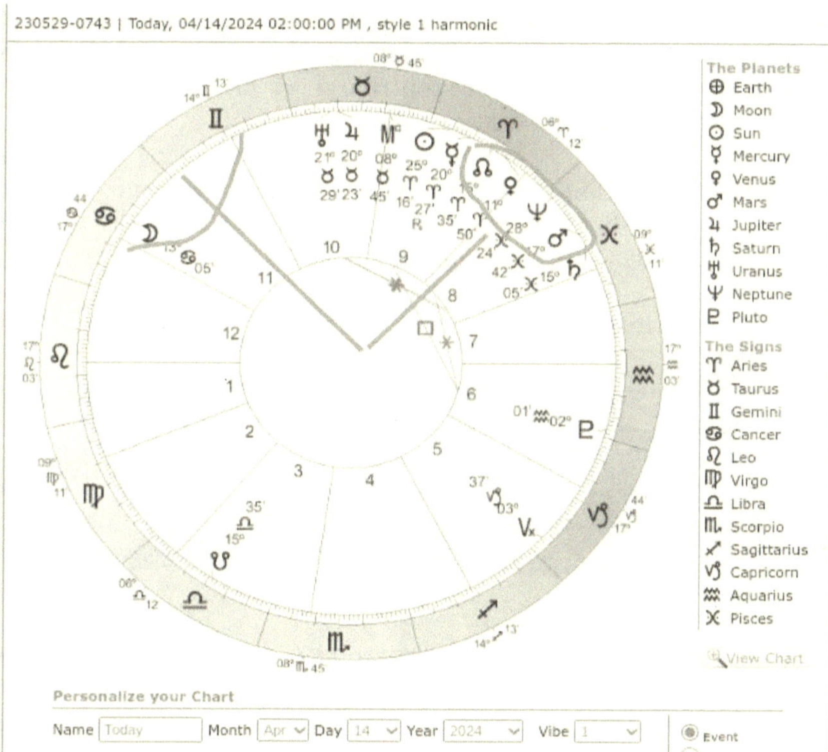

La única extrapolación que podemos hacer a partir de estos datos es que Marte dentro de los 30 grados del nodo lunar podría ser responsable de precipitaciones superiores a la media en una estación determinada. Aquí podemos desarrollar un sistema que podría predecir fuertes lluvias, ayudando a todos en el Medio Oriente con protocolos de emergencia y cronogramas agrícolas relacionados con el crecimiento y desarrollo de los cultivos. En la agricultura de

regadío, la cantidad de lluvia determina la cantidad de agua de riego y su tiempo de consumo. Los sistemas basados en la precipitación consideran el momento de la precipitación para determinar el crecimiento de las plantas. Esto también se traslada al momento de aplicación de fertilizantes, herbicidas y pesticidas. Las precipitaciones también son cruciales para programar las operaciones de cosecha para las actividades poscosecha. La predicción de fenómenos meteorológicos ayuda a planificar las tareas agrícolas, si plantar o no, decidir si regar o no, si utilizar fertilizantes, el transporte y almacenamiento de cereales y las medidas para proteger el ganado. En general, un sistema de pronóstico del tiempo exitoso contribuye al proceso de toma de decisiones sobre las prácticas agrícolas.

Consideremos que la premisa del factor Marte se confirmó en 2024, cuando los científicos comenzaron a plantear la hipótesis de que Marte influye en el clima y las mareas de la Tierra.

Aquí hay un artículo de Science.org.

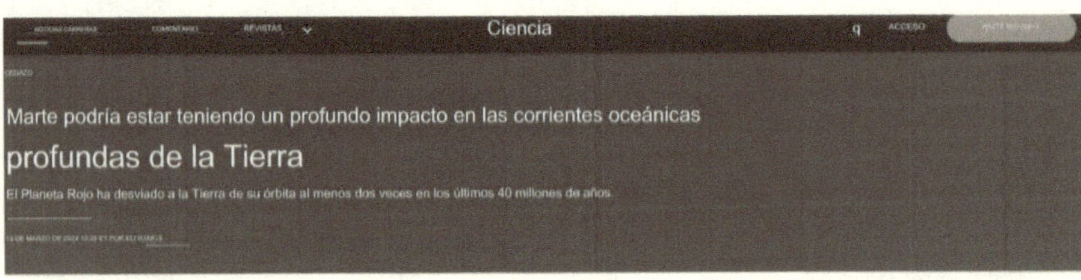
Ciencia

ACCESO

Marte podría estar teniendo un profundo impacto en las corrientes oceánicas profundas de la Tierra

El Planeta Rojo ha desviado a la Tierra de su órbita al menos dos veces en los últimos 40 millones de años.

" La luna provoca mareas, pero no es el único cuerpo celeste que afecta el agua de la Tierra. La gravedad de Marte influye en las corrientes oceánicas profundas de nuestro planeta, según un estudio publicado esta semana en la revista Nature Communications.

Otros trabajos apoyan la hipótesis de que Marte debe tener alguna influencia sobre la Tierra. En esta sección, he combinado estas dinámicas con la premisa científica de que la luna influye en la cantidad de precipitación a través de su atracción gravitacional sobre la atmósfera terrestre.

En la página siguiente encontrará un ejemplo (fuentes utilizadas) de las fechas en que Oriente Medio experimentó fuertes lluvias, inundaciones y víctimas humanas. Los datos provienen de un estudio que examinó la dinámica de los eventos de precipitación extrema en el Levante y Medio Oriente. Fuente: Eventos de precipitación extrema en Medio Oriente: Dinámica de la cuenca activa del Mar Rojo AJ de Vries, E. Tyrlis, D. Edry, S. o. Publicado por primera vez: 12 de junio de 2013 https://doi.org/10.1002/jgrd.50569

Nr.	Years and Months	Days	Sources of Motivation [a]	Societal Impact	Case Studies
1	Oct 1979	20–23	1,2	50 casualties, 66,000 people affected, and US$ 14 M damage in Egypt (flood) [b]	
2	May 1982	13			
3	Oct 1987	16–18	1,2	30 casualties in Egypt (storm on 17 Oct) and nine casualties in Jordan (flood on 16 Oct) [b]	
4	Oct 1988	16–19	1		
5	Oct 1991	12–14	1,2,3		*Greenbaum et al.* [1998]
6	Dec 1993	20–23	3	two casualties and estimated damage US$ 10 M in Israel [c]	*Ziv et al.* [2005]
7	Oct 1994	10	1,2		
8	Nov 1994	2–4	1,2,3	600 casualties,160,660 people affected, and US$ 140 M damage in Egypt (flood, 2–8 Nov) [b]	*Krichak and Alpert* [1998], *Krichak et al.* [2000]
9	Nov 1996	16–18		12 casualties and 260 people affected in Egypt (flood, 13–18 Nov) [b]	
10	Oct 1997	17–19	1,2,3	15 casualties and US$ 40 M damage in Israel (flood from 17 to 19 October), four casualties, and US$ 1 M damage in Egypt (flood, 18–20 Oct) and two casualties and US$ 1 M damage in Jordan (flood, 18–20 Oct) [b]; at least six casualties in Egypt, nine in Israel, and two in Jordan [c]	*Dayan et al.* [2001]
11	Nov 2003	23–25			
12	Oct 2004	28–29	3		*Greenbaum et al.* [2010]

The Dow's Biggest One-Day Drops

Here's where yesterday's drop of 586 points ranks among the worst drops in the Dow's history:

Date	Close	Change	Percent
9/29/2008	10,365.45	-777.68	-6.98%
10/15/2008	8,577.91	-733.08	-7.87%
9/17/2001	8,920.70	-684.81	-7.13%
12/1/2008	8,149.09	-679.95	-7.70%
10/9/2008	8,579.19	-678.92	-7.33%
8/8/2011	10,809.85	-634.76	-5.55%
4/14/2000	10,305.78	-617.78	-5.66%
8/24/2015	15,873.22	-586.53	-3.56%
10/27/1997	7,161.14	-554.26	-7.18%
8/21/2015	16,459.75	-530.94	-3.12%

Largest daily percentage losses[5]

Rank	Date	Close	Change	
			Net	%
1	1987-10-19	1,738.74	−508.00	−22.61
2	2020-03-16	20,188.52	−2,997.10	−12.93
3	1929-10-28	260.64	−38.33	−12.82
4	1929-10-29	230.07	−30.57	−11.73
5	2020-03-12	21,200.62	−2,352.60	−9.99
6	1929-11-06	232.13	−25.55	−9.92
7	1899-12-18	58.27	−5.57	−8.72
8	1932-08-12	63.11	−5.79	−8.40
9	1907-03-14	76.23	−6.89	−8.29
10	1987-10-26	1,793.93	−156.83	−8.04
11	2008-10-15	8,577.91	−733.08	−7.87
12	1933-07-21	88.71	−7.55	−7.84
13	2020-03-09	23,851.02	−2,013.76	−7.79
14	1937-10-18	125.73	−10.57	−7.75
15	2008-12-01	8,149.09	−679.95	−7.70
16	2008-10-09	8,579.19	−678.91	−7.33
17	1917-02-01	88.52	−6.91	−7.24
18	1997-10-27	7,161.14	−554.26	−7.18
19	1932-10-05	66.07	−5.09	−7.15
20	2001-09-17	8,920.70	−684.81	−7.13

2005

Source: https://www.terrorism-info.org.il/en/18892/

Mortar fire was omitted in data on first page

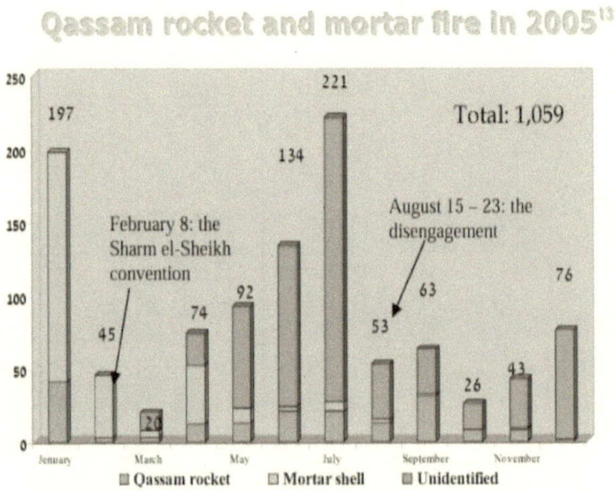

2006

Source: https://www.terrorism-info.org.il/en/18614/

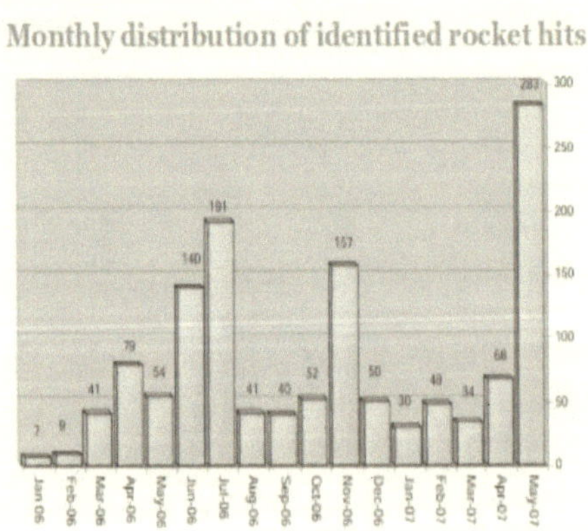

2007

Source: https://www.terrorism-info.org.il/en/18534/

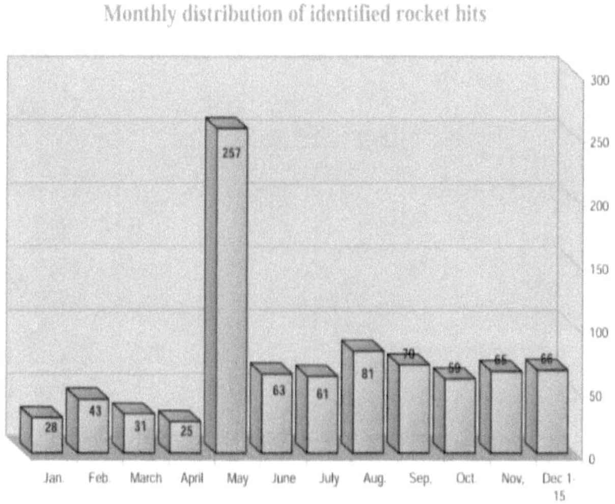

2008

Source:https://en.wikipedia.org/wiki/File:Rock_mort_gaza_2008.JPG

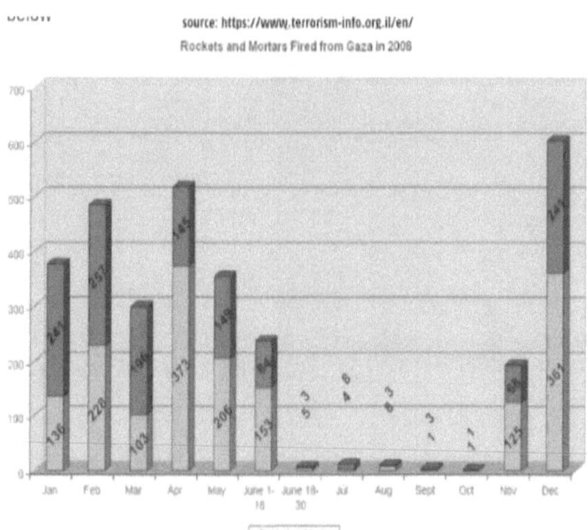

2009
Source: https://www.shabak.gov.il/reports/

שיגורי רקטות מהרצועה בחתך חודשי 2009

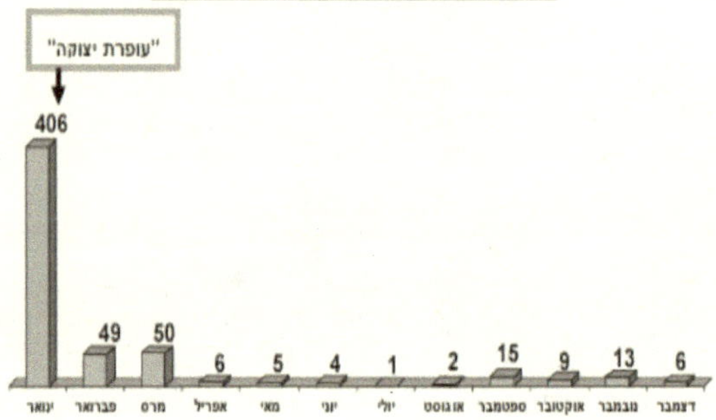

2010
Source: https://www.shabak.gov.il/reports/

שיגורי רקטות מהרצועה בחתך חודשי 2010

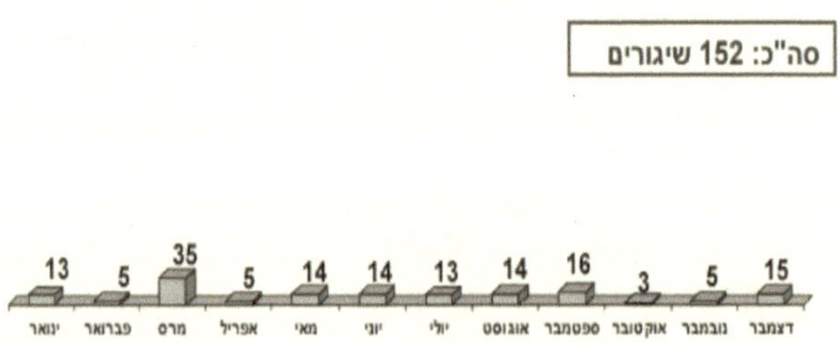

2011

Source: https://en.wikipedia.org/wiki/List_of_Palestinian_rocket_attacks_on_Israel_in_2011

Month	Missiles launched		Effect of missiles		Retaliation by Israel	
	Rockets	Mortars	Killed	Injured	Killed	Injured
January	17	26		4		
February	6	19			1	17
March	38	87		3	9	8
April	87	57	1	6	8	23
May	1					
June	4	1				
July	20	2				2
August	145	46	1	30	4	2
September	8	2				
October	52	6	1	2	12	
November	11	1		1	2	6
December	30	11			4	4
Total	**419**	**258**	**3**	**46**	**40**	**62**

2012

Source: https://en.wikipedia.org/wiki/List_of_Palestinian_rocket_attacks_on_Israel_in_2012

Month	Missiles launched		Effect of missiles		Retaliation by Israel	
	Rockets	Mortars	Killed	Injured	Killed	Injured
January	9	7				
February	36	1			1	1
March	173	19		14	26	
April	10					
May	3					
June	83	11		1		
July	18	9		1		
August	21	3		1		
September	17	8		7		
October	116	55			8	2
November	1734	83	6	45	6	51
December	1					
Total	**2,221**	**196**	**6**	**69**	**41**	**54**

2013

Source: https://en.wikipedia.org/wiki/List_of_Palestinian_rocket_attacks_on_Israel_in_2013

Month	Missiles launched		Effect of missiles		Retaliation by Israel	
	Rockets	Mortars	Killed	Injured	Killed	Injured
January						
February	1					
March	4					
April	17	5			1	
May	1	4				
June	5					
July	5	2				
August	4					
September	8					
October	3	2				
November		5				
December	4					
Total	**52**	**18**	**0**	**0**	**1**	**0**

2014

Source: https://en.wikipedia.org/wiki/List_of_Palestinian_rocket_attacks_on_Israel_in_2014

Month	Missiles launched		Effect of missiles		Retaliation by Israel	
	Rockets	Mortars	Killed	Injured	Killed	Injured
January	22	4				
February	9					
March	65	1		1	1	
April	19	5				
May	4	3				
June	62	3		6		
July	2,874	15[6]	6	34	1,122	7,800
August	950		2	19	540	1,913
Total	**4,005**	**31**	**8**	**60**	**1,663**	**9,713**

2015
Source:

2015 monthly distribution of rocket and mortar shell launchings**

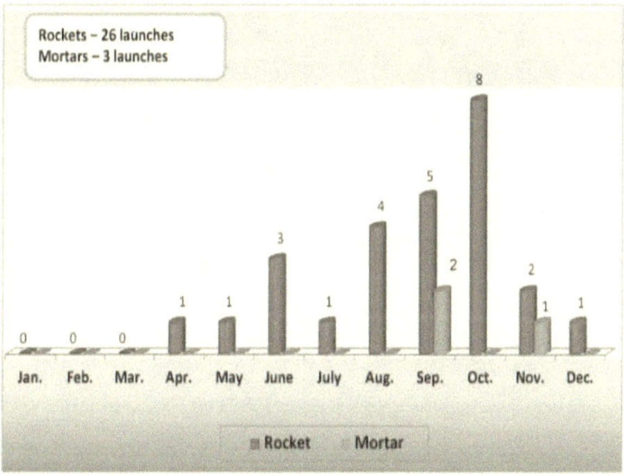

See Jewish virtual library for statistics between 2016 and 2022

https://www.jewishvirtuallibrary.org/palestinian-rocket-and-mortar-attacks-against-israel

In 2023, the data was taken from both

https://www.jewishvirtuallibrary.org/palestinian-rocket-and-mortar-attacks-against-israel

and

Wikipedia
https://en.wikipedia.org/wiki/List_of_Palestinian_rocket_attacks_on_Israel_in_2023

In 2024, the data was taken from
https://www.shabak.gov.il/reports/

and also from news sources about Iran's attack in April of 2024

www.ingramcontent.com/pod-product-compliance
Lightning Source LLC
LaVergne TN
LVHW060257051026
849517LV00003B/834
* 9 7 9 8 3 3 0 5 0 6 1 2 5 *